高等职业教育分析检验技术专业新形态系列教材

分析检验综合技能实训

活页式教材

主 编 尚 华

北京理工大学出版社
BEIJING INSTITUTE OF TECHNOLOGY PRESS

内 容 提 要

本书依据应用化工技术专业群学生就业对分析检验综合技能实训课程的需求,并结合检验检测岗位职业标准编写的一本活页式教材。全书分为7个项目,主要内容包括分析检验技能实训预备知识、分析天平的安装调试与称量、滴定分析仪器的操作与校准、标准溶液的配制与标定、化学分析法测定样品含量、仪器分析法测定样品含量、样品含量测定方法的设计及实施等。

本书内容大部分选自企业的真实检测项目及近年来国赛项目,可操作性强、通俗易懂、易教易学。还可通过扫描二维码观看相关动画、视频等,所有操作视频均采用特写镜头,便于学习和掌握。

本书可作为工业分析技术、石油化工技术、应用化工技术、食品营养与检测、医药卫生、环境监测等高等院校相关专业教学用书,也可作为分析检验企业员工培训人员及分析检验爱好者的参考资料。

版权专有 侵权必究

图书在版编目(CIP)数据

分析检验综合技能实训 / 尚华主编. —北京:北京理工大学出版社,2021.6
ISBN 978-7-5682-9870-4

Ⅰ.①分… Ⅱ.①尚… Ⅲ.①分析仪器-高等学校-教材 Ⅳ.①TH83

中国版本图书馆CIP数据核字(2021)第100669号

出版发行 /	北京理工大学出版社有限责任公司
社　　址 /	北京市海淀区中关村南大街5号
邮　　编 /	100081
电　　话 /	(010)68914775(总编室)
	(010)82562903(教材售后服务热线)
	(010)68944723(其他图书服务热线)
网　　址 /	http://www.bitpress.com.cn
经　　销 /	全国各地新华书店
印　　刷 /	河北鑫彩博图印刷有限公司
开　　本 /	787毫米×1092毫米 1/16
印　　张 /	14
字　　数 /	288千字
版　　次 /	2021年6月第1版 2021年6月第1次印刷
定　　价 /	49.80元

责任编辑 / 高雪梅
文案编辑 / 高雪梅
责任校对 / 周瑞红
责任印制 / 李志强

图书出现印装质量问题,请拨打售后服务热线,本社负责调换

前 言
PREFACE

◀◀◀◀◀ 分析检验综合技能实训 活页式教材

本书是陕西省"高层次人才特殊支持计划项目"及陕西省职业技术教育学会课程思政专项课题（编号：SGKCSZ2020-169）的研究成果。

分析检验综合技能实训是分析检验技术、应用化工技术等化工类专业的重要实训课程，也是在完成相关专业课程之后开设的重要的技能训练型专业课程。它既与所学的化学分析技术课程内容相衔接，又为后续的工业分析技术、油品分析技术等分析检验类课程，以及检验检测岗位工作提供保障。

本课程的任务是使学生在学习化学分析技术等课程的基础上，较系统、全面地掌握化工产品分析检验的过程及方法，并针对检验检测岗位的具体要求训练学生的检验检测综合技能，树立严谨求实、安全第一的职业意识；培养学生创新能力、独立获取检验检测新知识的能力、阅读分析检验相关文献的能力和解决一般分析检验问题的基本能力。

本书在内容组织与安排上具有以下特点。

1. 任务驱动，以典型工作任务为载体

每个项目有若干个任务，每个任务包含实训目标、实训内容、实训指导、技能训练、考核评价标准等环节，突出职业素养及职业能力的培养，紧紧围绕工作任务的完成，增强学习的针对性。每个任务可操作性强。

2. 基于"1+X"证书的考核评价系统

每个实训任务都有相应的考核评价标准，在考核评价标准中对训练过程给出了可以操作的量化考核标准，实训内容考核标准与国家化学检验员职业技能鉴定及化学实验技术国赛标准全面接轨，符合"1+X"精神的课证融通式评价体系，实现了高职高专高素质技能型人才的培养目标。

3. 配套数字资源，拓展学习空间

本书以二维码的形式将数字资源呈现给学生，实现了纸质教材+数字资源的有机结合，体现"互联网+"新形势下的一体化教材。学生可通过扫描二维码随时随地学习，激发主动性和积极性。

4. 新型活页式教材，更便于教师个性化教学

当今检验检测新技术、新规范的更新速度很快，而传统教材内容的更新和补充则要更换版本，而活页式教材，教师可根据技术和规范的更新，自由插入新内容，更便于个性化教学。

5. 课程教学有机地融入思想政治教育

以实现职业核心能力培养为目标，引入任务驱动型教学模式，选择具有代表性、可操作性的工作任务，分析完成任务需要掌握的基本技能，突出完成任务的过程、方法和步骤，同时充分挖掘该课程的思政元素，并贯穿整个教学及考核评价的全过程。

本书由陕西工业职业技术学院尚华教授担任主编，并编写项目2、项目3、项目4、项目5、项目7及附录；陕西工业职业技术学院纪惠军教授编写项目1及项目6。全书由尚华教授负责统稿和最后的修改定稿工作。

在编写本书的过程中，编者查阅和参考了众多文献资料，在此对参考文献的作者致以诚挚的谢意。同时编者的同事、西安超星教育科技有限公司教育科技有限对本书中插入的视频也给予了很大的支持和帮助，在此一并表示衷心的感谢。

由于编者水平有限，书中疏漏之处在所难免，恳请使用本书的各校师生和读者批评斧正，以便今后修订和完善。

编 者

目录

项目 1　分析检验技能实训预备知识 ··· 1

　实训任务 1.1　分析检验实训室的个人防护知识 ··· 2

　实训任务 1.2　分析检验实训室消防安全知识 ··· 7

　实训任务 1.3　分析检验实训室用水知识 ·· 12

　实训任务 1.4　分析检验实训室试剂管理知识 ··· 17

　实训任务 1.5　分析检验实训"三废"的排放 ··· 21

　实训任务 1.6　分析检验人员职业道德基本知识 ··· 24

项目 2　分析天平的安装调试与称量 ·· 32

　实训任务 2.1　分析天平的安装调试 ··· 33

　实训任务 2.2　分析天平的称量练习 ··· 39

项目 3　滴定分析仪器的操作与校准 ·· 43

　实训任务 3.1　滴定管的洗涤与操作 ··· 44

实训任务 3.2　移液管的洗涤与操作 ··· 48
实训任务 3.3　容量瓶的洗涤与操作 ··· 51
实训任务 3.4　滴定分析仪器的校准 ··· 54
实训任务 3.5　称量分析仪器洗涤与操作 ·· 60

项目 4　标准溶液的配制与标定

实训任务 4.1　盐酸标准溶液的配制与标定 ······································ 66
实训任务 4.2　氢氧化钠标准溶液的配制与标定 ································· 70
实训任务 4.3　EDTA 标准溶液的配制与标定 ···································· 74
实训任务 4.4　高锰酸钾标准溶液的配制与标定 ································· 79
实训任务 4.5　硫代硫酸钠标准溶液的配制与标定 ······························ 84
实训任务 4.6　碘标准溶液的配制与标定 ·· 88
实训任务 4.7　硝酸银标准溶液的配制与标定 ··································· 91

项目 5　化学分析法测定样品含量

实训任务 5.1　混合碱含量的测定（双指示剂法） ······························ 96
实训任务 5.2　工业硫酸含量的测定 ·· 101
实训任务 5.3　阿司匹林药片中乙酰水杨酸含量的测定 ························ 105
实训任务 5.4　自来水硬度的测定 ·· 109
实训任务 5.5　硫酸镍中镍含量的测定 ··· 115
实训任务 5.6　双氧水中过氧化氢含量的测定 ·································· 120
实训任务 5.7　铁矿石中全铁含量的测定 ······································· 125
实训任务 5.8　酱油中氯化钠含量的测定 ······································· 129
实训任务 5.9　水中氯离子含量的测定 ··· 135
实训任务 5.10　氯化钡含量的测定 ··· 140

项目 6　仪器分析法测定样品含量 ... 144

实训任务 6.1　高锰酸钾吸收曲线的测绘 ... 145

实训任务 6.2　高锰酸钾溶液浓度的测定 ... 150

实训任务 6.3　苯甲酸、磺基水杨酸最大吸收波长的测定 ... 154

实训任务 6.4　苯甲酸含量的测定 ... 164

实训任务 6.5　硫酸亚铁中铁含量的测定 ... 167

实训任务 6.6　水中硝酸盐氮含量的测定 ... 171

项目 7　样品含量测定方法的设计及实施 ... 175

实训任务 7.1　食用白醋总酸度测定方法设计与测定 ... 176

实训任务 7.2　胆矾中 $CuSO_4 \cdot 5H_2O$ 含量测定方法设计与测定 ... 181

实训任务 7.3　食盐中碘含量的测定 ... 188

实训任务 7.4　胃舒平药片中铝和镁的测定 ... 194

实训任务 7.5　维生素 C 片中抗坏血酸含量的测定 ... 201

附录 ... 207

附表 1　常用化合物的相对分子质量 ... 207

附表 2　化学试剂等级对照表 ... 210

附表 3　常用酸碱试剂的密度、含量和近似浓度 ... 211

附表 4　常用酸碱指示剂 ... 212

附表 5　常用氧化还原指示剂 ... 213

附表 6　常用金属指示剂 ... 214

附表 7　常用基准物质的干燥条件和应用 ... 215

参考文献 ... 216

项目 1
分析检验技能实训预备知识

项目目标

1. 熟悉分析检验实训室安全规则,能正确地判断简单事故,并进行妥善处理。
2. 熟悉分析化学试剂规格,并且能正确地存储化学试剂。
3. 熟悉分析检验实训室用水规格,能根据分析要求正确选择分析实训用水。
4. 熟悉"三废"的排放标准,能对实训室产生的"三废"进行简单处理。
5. 掌握分析检验人员应具备的职业道德基本知识。

项目任务

遵守实训室安全规则及安全操作规程,正确选择及使用分析检验实训室用水、药品、仪器等,对实训过程中产生的"三废"进行简单处理,能遵守检测检验人员的职业道德准则。

实训任务 1.1　分析检验实训室的个人防护知识

1.1.1　实训目标

(1)掌握分析检验实训室的自我防护知识。
(2)学会通风橱和洗眼器等仪器的使用方法。
(3)能对实验过程中出现的意外事故进行简单的处理。

1.1.2　实训仪器及试剂

(1)实训仪器：通风橱、洗眼器等。
(2)实训试剂：氢氧化钠、盐酸、重铬酸钾、浓氨水等。

1.1.3　实训内容

学习通风橱、洗眼器等仪器的使用方法，实训室意外事故处理方法的分析及练习。

1.1.4　实训指导

1. 实训室洗眼器的使用

(1)洗眼器的结构。洗眼器的结构如图 1-1 和图 1-2 所示。

图 1-1　台式洗眼器　　　　图 1-2　喷淋洗眼器

(2)洗眼器的操作方法。
1)打开洗眼器的防尘盖，如图 1-3 所示。
2)用手轻推手推阀，清洁水从洗眼喷头自动喷出，如图 1-4 所示。
3)双眼靠近洗眼喷头，用大量清水冲洗 15 min，如图 1-5 所示。
4)用后须将手推阀复位并将防尘盖复位，如图 1-6 所示。
5)化学品溅到身上时使用方法：用手向下拉阀门拉杆，水从喷淋头自动喷出，如图 1-7 所示。

6）站到喷淋头下，用大量清水冲洗，如图1-8所示。

图1-3 打开洗眼器的防尘盖

图1-4 推手推阀出水

图1-5 洗眼

图1-6 关闭阀门

图1-7 拉开喷淋开关

图1-8 喷淋

7）使用完后，须将拉杆复位，关闭阀门，如图1-9所示。

图1-9 拉杆复位，关闭阀门

(3)注意事项。

1)洗眼器的安装高度应为1.2~1.3 m。

2)洗眼器应安装在实训室的危险品存放处附近(30 m以内)。

3)使用洗眼器时,用手轻推开关阀,使水自动喷出,用后须将开关阀关好。

4)洗眼器用于紧急情况下,可以暂时减缓有害物体对身体的伤害。而进一步的处理和治疗,须遵从医生的指导。

2. 实训室通风橱的使用

(1)通风橱的结构,如图1-10所示。

图1-10 通风橱的结构

(2)通风橱的使用方法。

1)按下控制面板上的开关按钮。

2)打开照明和风机开关。

3)使用时,注意勿将杂物导入通风橱的水槽,以免造成管道堵塞。

4)使用完毕后,及时将通风橱内清洁干净。

5)关闭照明、风机开关。

6)关闭电源。

(3)使用通风橱的注意事项。

1)使用通风橱之前,先开启排风后才能在通风橱内进行操作。

2)操作强酸、强碱及挥发性气体的试剂时,必须拉下通风橱玻璃活动挡板进行操作。严禁在通风橱内进行爆炸性实验,注意保护自身安全。

3)操作实验时,切勿用头、手等身体部位,或其他硬物碰撞玻璃活动挡板。

4)操作通风橱时,必须在通风橱内的操作台进行操作,切勿在通风橱外进行危险、有毒实验,以免有毒气体散发到实训室其他区域,造成其他工作人员的健康伤害。

5)在通风橱内使用加热设备时,建议在设备下方垫上石棉垫或隔热板。

6)实验完毕后,不要立即关闭排风。应继续排风 1~2 min,以确保通风橱内的有害气体和残留废气全部排出。

7)实验完毕后,关闭所有电源,再对通风橱进行清洁。清除在通风橱内的杂物和残留的溶液。切勿在带电或电动机运转时做清理。

8)通风橱内不得摆放易燃易爆物品。

3. 实训室意外事故的简单处理

在分析化学实训过程中,如果发生意外事故,重伤者应立即送往医院,轻伤者可采用下列方法进行处理。

(1)割伤。伤口内若有玻璃片,须先取出,然后抹上红药水并包扎。

(2)烫伤。切莫用水冲洗。可用高锰酸钾或苦味酸溶液洗伤处,再擦上凡士林或烫伤油膏。必要时送往医院救治。

(3)皮肤或眼睛溅上强酸或强碱。首先,应立即用大量清水冲洗;然后,对于强酸用稀碳酸氢钠溶液进行冲洗,对于强碱用硼酸稀溶液进行冲洗;最后,用清水冲洗。

(4)吸入有毒或刺激性气体。可立即吸入少量酒精和乙醚的混合蒸汽解毒。吸入硫化氢、一氧化碳等气体而感到不适时,应立即到室外呼吸新鲜空气。

(5)有毒物进入口内。可将 5~10 mL 稀硫酸铜溶液加入一杯温水,内服后,用手指伸入伤者咽喉部,促使其呕吐,然后立即送往医院。

(6)注意防火。一般的小火用湿布、防火布或沙子覆盖燃烧物灭火。若因不溶于水的有机溶剂如酒精、苯或乙醚等,以及能与水起反应的物质(如金属钠)引起着火,绝不能用水浇,应立即用湿布或沙土(实训室应备有灭火沙箱)等扑灭。若遇电气设备着火,必须先切断电源,再用二氧化碳或四氯化碳灭火器扑灭火种。

(7)触电时,先立即切断电源,必要时进行人工呼吸。

1.1.5 技能训练

(1)参观分析检验实训室,了解分析检验实训室规则。

(2)在规定时间内完成通风橱的开启、在通风橱内取 10 mL 的氨水、关闭通风橱的操作。

(3)在规定时间内完成洗眼器的开启、洗眼动作、洗眼器的关闭等操作。

(4)遵守安全规程,做到文明操作。

1.1.6 考核标准

实训室安全操作考核要求及评分标准见表 1-1。

表 1-1　实训室安全操作考核要求及评分标准

序号	考核内容	考核要点	配分	评分标准	扣分	得分
1	实验准备	1. 实验预习； 2. 试剂的准备	20	有一项不符合标准扣10分，扣完为止		
2	通风橱	1. 方法是否合理； 2. 操作是否正确； 3. 处理结果较好	30	有一项不符合标准扣20分，扣完为止		
3	洗眼器	1. 方法是否合理； 2. 操作是否正确； 3. 处理结果较好	30	有一项不符合标准扣20分，扣完为止		
4	安全文明操作	1. 实验台面整洁情况； 2. 物品摆放； 3. 安全操作情况	20	有一项不符合标准扣5分，扣完为止		
5	总分					

1.1.7　思考题

(1) 通风橱关闭后为什么有延时关闭的情况？

(2) 洗眼器在什么情况下使用？简述其使用方法。

实训任务 1.2　分析检验实训室消防安全知识

1.2.1　实训目标

(1)熟悉实训室安全规则，牢记防火、防爆、灭火常识。
(2)掌握分析化学实训室意外事故的简单处理方法。
(3)学会干粉灭火器的使用方法。

1.2.2　实训仪器及试剂

(1)实训仪器：泡沫灭火器、二氧化碳灭火器、干粉灭火器、燃烧槽等。
(2)实训试剂：少许柴油。

1.2.3　实训内容

(1)对照灭火器介绍其型号、规格、灭火原理、操作方法、使用范围和性能等，指出灭火器各组成部分的位置，讲述各部件的作用。
(2)练习常用灭火器材的操作方法。

1.2.4　实训指导

1. 实训室消防常识

在分析检验实训室，经常需要使用一些易燃物质，如乙醇、甲醇、苯、甲苯、丙酮、煤油等。这些易燃物质挥发性强，着火点低，在明火、电火花、静电放电、雷击因素的影响下极易引燃起火，造成严重损失，因此，使用易燃物质时应严格遵守操作规程。

视频 1-1　实验室基本安全知识

(1)灭火原则。一旦发生火灾，实验人员应临危不惧、沉着冷静，及时采取灭火措施。若局部起火，应立即切断电源，关闭煤气阀门，用湿布或湿棉布覆盖熄火；若火势较猛，应根据具体情况选用适当的灭火器灭火，并立即拨打火警电话119，请求救援。

一般燃烧需要足够的氧气来维持，因此，一般灭火方法主要遵循以下两条原则：

1)冷却燃烧物质，使其温度降低到着火点以下；
2)使燃烧物与空气隔绝。

(2)火源(火灾)分类。我国对火灾分类采用国际标准化组织的分类方法，依据燃烧物的性质，将火灾分为 A、B、C、D 四类，火灾的分类及可使用的灭火器见表1-2。

表 1-2 我国火灾的分类及可使用的灭火器

分类	产生原因	可使用的灭火器	注意事项
A类	固体物质燃烧	水、酸碱式和泡沫灭火器	—
B类	有可燃性液体,如石油化工产品、食品油脂	泡沫灭火器、二氧化碳灭火器、干粉灭火器	—
C类	有可燃性气体燃烧,如煤气、石油液化气	干粉灭火器	用水、酸碱式和泡沫灭火器均无作用
D类	有可燃性金属燃烧,如钾、钠、钙、镁等	干沙土、"7150"灭火器	禁止用水、酸碱式和泡沫灭火器、二氧化碳灭火器、干粉灭火器

(3)灭火器的使用。常用的灭火器有泡沫灭火器、二氧化碳灭火器、干粉灭火器等。下面分别介绍这几种灭火器的使用方法。

1)泡沫灭火器:泡沫灭火器喷出的是一种体积较小,相对密度较小的泡沫群,其可以漂浮在液体表面,使燃烧物与空气隔开,达到窒息灭火的目的。

泡沫灭火器的钢筒内几乎装满浓的碳酸氢钠(或碳酸钠)溶液,并掺入少量能促进起泡沫的物质。钢筒的上部装有一个玻璃瓶,内装硫酸(或硫酸铝溶液)。使用时,将钢筒倒翻过来使筒底朝上,并将喷口朝向燃烧物,此时硫酸(或硫酸铅)与碳酸氢钠接触,立即产生二氧化碳气体。被二氧化碳所饱和的液体受到高压,掺着泡沫形成一股强烈的激流喷出,覆盖住火焰,使火焰隔绝空气。另外,由于水的蒸发使燃烧物的温度降低,因此火焰就被扑灭了。

泡沫灭火器适用于有机溶剂、油类着火,因为稳定的泡沫能将液体覆盖住使之与空气隔绝。但由于灭火时喷出的液体和泡沫是一种电的良导体,故不能用于电器失火或漏电所引起的火灾。遇到这种情况,应先把电源切断,然后使用其他灭火器灭火。

2)二氧化碳灭火器:二氧化碳灭火器是将气态二氧化碳压缩在钢制容器中,气体喷出时经过一扁平喇叭形扩散器,又称为造雪器,使部分二氧化碳凝为"雪花",喷出的雪花状二氧化碳温度可降至$-78\ ℃$左右;雪花状二氧化碳在燃烧区直接气化吸收大量热而使燃烧物温度急降,同时产生二氧化碳气体覆盖在燃烧物表面,以达到灭火的目的。

由于二氧化碳灭火器具有绝缘性好,灭火后不留痕迹的特点,因此,适用于扑灭贵重仪器和设备、图书资料、仪器仪表及 600 V 以下的带电的初起火灾。

二氧化碳灭火器在 90 s 内即喷射完毕。因此,使用时应尽量靠近燃烧区。打开开关后将喷流对准火焰,由于"化雪"时的强冷却作用,可能使手冻伤,应尽量注意防护。此种灭火器保存时应防止受热,如有漏气而质量减轻 1/10 时,即应充气。

3)干粉灭火器:干粉灭火器是以二氧化碳为动力,将粉末喷出扑救火灾的。由于桶内的干粉是一种细而轻的泡沫,所以能覆盖在燃烧的物体上,隔绝燃烧物与空气而达到灭火的目的。使用时,首先要拆除铅封,拔掉保险销,手提灭火器喷射体,手捏胶管，在距离火面的有效距离内，将喷嘴对准火焰根部，按下压把，推动喷射。此时，应不断摆动喷嘴，使氮气流及载有的干粉横扫整个火焰区，可迅速将火扑灭。这种灭火器具有灭火速度快、效率高、质量小、使用灵活方便等特点，适用于扑救固体有机物质、油漆、易燃液体、图书文件、精密仪器、气体和电气设备的初起火灾。

(4)灭火器的维护。

1)应经常检查灭火器的内装药品是否变质和零件是否损坏。当药品不够时，应及时添加。当压力不足时，应及时加压，尤其要经常检查喷口是否被堵塞，如果喷口被堵塞，使用时灭火器将发生严重的爆炸事故。

2)灭火器应挂在固定的位置，不得随意移动。

3)使用时不要慌张，应以正确的方法开启阀门，才能使内容物喷出。

4)灭火器一般只适用于熄灭刚刚产生的火苗或火势较小的火灾，对于已蔓成大火的情况，灭火器的效力就不够了。不要正对火焰中心喷射，以防着火物溅出使火焰蔓延，而应从火焰边缘开始喷射。

5)灭火器一次使用后，可再次装药加压，以备后用。

2. 实训室灭火注意事项

(1)用水灭火注意事项。水是常用的灭火物质。在常用的固体和液体物质中，水的比热(使1 g物质温度升高1 ℃所吸收的热量)最大，水的汽化热(液体在一定温度下转化为气体时所吸收的热量)很大。因此，水有优良的冷却能力，可以有效地降低燃烧区域的温度，而使火焰熄灭。水蒸发成水蒸气时体积大为膨胀，可增加至原体积1 500倍以上，可以大大降低燃烧区可燃气体及助燃气体的含量，有利于扑灭火焰。但是在下列情况下，严禁以水灭火：

1)由比水轻并与水不相溶的液体燃烧而引起的火灾，如石油、汽油、煤油、苯等。这些可燃性液体比水轻，能浮在水面上继续燃烧，并且随着水的流散，使燃烧面积扩展。

2)由电气设备引起的火灾。消防用水中含有各种盐类，是良好的电解质。因此，在电气设备区域(特别是高压区)使用可能会造成更大的损失。

3)火灾地区存有钾、钠等金属。钾、钠与水发生剧烈作用并放出氢气，氢气逸散于空气中即成为燃炸性的混合物，极易爆炸。

4)火灾地区存有电石时，水与电石反应放出乙炔，同时放出大量热，且能使乙炔着火爆炸。有时在用水灭火时，也可以在水中溶入一定量的氯化钙($CaCl_2$)、硫酸钠(Na_2SO_4)，当水蒸发后，这些盐就会附着在燃烧物表面，对熄灭火焰也有一定的作用。一般情况下，所用溶液的浓度为$CaCl_2$ 30%～35%、Na_2SO_4 25%。大气中的水蒸气含量高于35%时即可遏止燃烧，因此，在装有锅炉设备的场所应用过热蒸汽灭火具有显著的效果，但使用时必须注意安全，小心烫伤。

(2)当电气设备及电器着火时，首先应用四氯化碳灭火器灭火，电源切断后才能用水扑救。

(3)回流加热时,如因冷凝管效果不好,易燃蒸汽在冷凝管顶端着火,应先切断加热源,再进行扑救。绝对不可用塞子或其他物品堵住冷凝管。

(4)若敞口的器皿中发生燃烧,应尽量先切断加热源,设法盖住器皿口,隔绝空气使火熄灭。

(5)扑灭产生有毒蒸汽的火灾时,要特别注意防毒。

3. 实训步骤

(1)干粉灭火器的操作。其具体操作步骤如下:

第一步:将灭火器上下颠摇几次,使桶内干粉松动,如图1-11所示。

第二步:除掉铅封,拔掉灭火器上的保险销,操作如图1-12所示。

注意:不拔掉保险销的话,灭火器不能使用。

图1-11　干粉灭火器　　　　　　　　图1-12　拔保险销动作

第三步:先用左手抓住灭火器的喷射管,然后右手握住灭火器的压把,操作如图1-13所示。

第四步:在距离火焰大约2 m处,右手用力压下压把,左手拿着喷管用力摇摆,将灭火器的喷射管对准火源的根部,喷射覆盖燃烧区,直至将火全部扑灭,操作如图1-14所示。

图1-13　喷射管操作动作　　　　　　　图1-14　灭火动作

(2)基本知识训练。对照干粉灭火器介绍其型号、规格、灭火原理、操作方法、使用范围和性能等,指出灭火器各组成部分的位置,讲述各部件的作用。

(3)灭火操作训练。将火场可燃物点燃后,按照灭火器的使用方法进行灭火操作练习。

(4)注意事项。

1)使用灭火器时,灭火器的筒底和桶盖不能对着人,以防喷嘴堵塞导致机体爆炸,使灭火人员遭受伤害。

2)使用灭火器时,要迅速、果断,不遗留残火,以防复燃。扑灭容器内液体燃烧时,不要直接冲击液面,以防燃烧着的液体溅出或流散到外面使火势扩大。

1.2.5　技能训练

(1)在规定时间内,在教师的指导下,完成干粉灭火器的灭火操作练习,操作方法达到基本要求。

(2)遵守安全规程,做到文明操作。

1.2.6　考核标准

灭火器操作考核要求及评分标准见表1-3。

表1-3　灭火器操作考核要求及评分标准

序号	考核内容	考核要点	配分	评分标准	扣分	得分
1	实验准备	1. 实验预习; 2. 灭火器材的准备; 3. 火场准备	30	有一项不符合标准扣10分,扣完为止		
2	灭火器操作训练	1. 基本知识; 2. 灭火操作	50	有一项不符合标准扣20分,扣完为止		
3	安全文明操作	1. 实验台面整洁情况; 2. 物品摆放; 3. 安全操作情况	20	有一项不符合标准扣5分,扣完为止		
4	总分					

1.2.7　思考题

(1)简述灭火原则。

(2)简述干粉灭火器使用步骤及使用时注意事项。

实训任务 1.3 分析检验实训室用水知识

1.3.1 实训目标

(1)掌握分析实训室用水的规格、储存条件及选用依据。
(2)能根据要求正确分析实验用水。
(3)学会制水机的操作及维护。

1.3.2 实训仪器及试剂

(1)实训仪器:制水机、塑料桶等。
(2)实训试剂:自来水、粗盐等。

1.3.3 实训内容

(1)实训室用水的制取及制水机的维护。
(2)实验用水 pH 值的测定及级别的判断。

1.3.4 实训指导

1. 分析检验用水常识

分析实训室用水不同于一般生活用水,有相应的国家标准,具有一定的级别。不同的分析方法,要求使用不同级别的分析实验用水。自来水是将天然水经过初步净化处理制得的,它仍然含有各种杂质,只能用于初步洗涤仪器或加热浴用水等,不能用于配制标准溶液及分析工作。为此必须将水纯化,制备成能满足分析工作要求的纯水,这种纯水称为"分析实验用水"。

视频 1-2 分析实验室用水常识

(1)分析实验用水规格。我国国家标准《分析实验用水规格和实验方法》(GB/T 6682—2008)将适用化学分析和无机痕量分析的实验用水分为三个级别。

一级水:基本不含溶解或胶态离子杂质及有机物;
二级水:可含有微量的无机、有机或胶态杂质;
三级水:最常用的纯水。

各级分析实训室用水的规格见表1-4。

表1-4 分析实验用水的级别及主要技术指标

名称	一级	二级	三级
pH 值范围(25 ℃)	—	—	5.0~7.5

·12·

续表

名称	一级	二级	三级
电导率(25 ℃)/(ms·m^{-1})	≤0.01	≤0.10	≤0.50
可氧化物质含量(以 O 计)/(mg·L^{-1})	—	≤0.08	≤0.4
吸光度(254 nm，1 cm 光程)	≤0.001	≤0.01	—
蒸发残渣(105 ℃±2 ℃)含量/(mg·L^{-1})	—	≤1.0	≤2.0
可溶性硅(以 SiO$_2$ 计)含量/(mg·L^{-1})	≤0.01	≤0.02	—

(2)分析实验用水的存储。各级用水均使用密闭的、专用的聚乙烯容器。三级水也可用密闭的专用玻璃容器。新容器在使用前需用盐酸溶液浸泡 2~3 d，再用待测水反复冲洗，并注满待测水浸泡 6 h 以上。

各级用水在存储期间，其污染的主要来源是容器的可溶性成分溶解、空气中的二氧化碳和其他杂质。因此，一级水不可存储，应在使用前制备。二级水、三级水可适量制备，分别存储在预先经同级水清洗过的相应容器中。

一级水：用于有严格分析要求的分析实验，包括对颗粒有要求的实验，如高效液相色谱分析用水。一级水可用二级水经过石英设备蒸馏或离子交换混床处理后，再经 0.2 μm 滤膜过滤来制取。

二级水：用于无机痕量分析等实验，如原子吸收光谱分析用水。二级水可用多次蒸馏或离子交换等方法制取。

三级水：用于一般化学分析实验，如普通化学分析用水。三级水可用蒸馏或离子交换等方法制取。

(3)分析检验用水的制备方法。

1)蒸馏法。蒸馏法制备纯水是根据水与杂质的沸点不同，将自来水用蒸馏器蒸馏而得到的。使用此方法制备纯水操作简便、成本低，能去除水中非蒸发性杂质，但不能去除易溶于水的气体。

目前，使用的蒸馏器由玻璃、铜、石英等材料制作而成，由于蒸馏器的材质不同，带入蒸馏水中室温杂质也不同，用玻璃蒸馏器制得的水中会有 Na$^+$、SiO$_3^{2-}$ 等；用铜蒸馏器制得的蒸馏水中常含有 Cu^{2+} 等，故蒸馏一次所得的蒸馏水只能用于定性分析或一般工业分析。

2)离子交换法。离子交换法是利用离子交换树脂具有特殊网状结构的人工合成有机高分子化合物净化水的一种方法。常用于自来水的离子交换树脂有两种：一种是强酸性阳离子交换树脂；另一种是强碱性阴离子交换树脂。当水流过两种交换树脂时，阳离子和阴离子交换树脂分别将水中的杂质阳离子和阴离子交换为 H$^+$ 和 OH$^-$，从而达到净化水的目的。由于离子交换法方便有效且较经济，故在化工、冶金、环保、医药、食品等行业得到广泛应用。

与蒸馏法相比，离子交换法生成设备简单，节约燃料和冷却水，并且水质化学纯度高。因此是目前各类实训室中最常用的方法。但其局限性是不能完全去除非电解质和有机物。

3）电渗析法。电渗析法是一种固膜分离技术。电渗析纯化水是除去原水中的电解质，故又称为电渗析脱盐，是常用的脱盐技术之一。它是利用离子交换膜的选择透过性，即阳离子交换膜只允许阳离子透过，阴离子交换膜仅允许阴离子透过，在外加直流电的作用下，使一部分水中的离子透过离子交换膜移到另一部分水中，造成一部分淡化，另一部分浓缩，收集淡水即所需的纯化水。此纯化水能满足一般工业用水的需要。

4）反渗透法。反渗透法的原理是让水分子在压力的作用下，通过反渗透膜成为纯水，水中的杂质被反渗透膜截留排出。反渗水克服了蒸馏水和去离子水的许多缺点，利用反渗透技术可以有效地除去水中的溶解盐、胶体、细菌、病毒内毒素和大部分有机物等杂质。

2. 制水机结构和使用

(1)超纯制水机结构(以超纯水机为例)。超纯水机主要由 4 个部分组成，分别是预处理系统、反渗透系统、后处理部分和储水水箱。

1）预处理系统。外松内紧渐进式结构的 PL 聚丙烯纤维滤芯，可有效滤除铁锈、泥沙等；含碳量高达 80% 的高效柱状活性炭滤芯，对原始水中的余氯、异色、有机物等杂质可以高效吸附过滤。

2）反渗透系统。反渗透系统包括反渗透及储存箱，反渗透所用 RO 膜等。

3）后处理部分。后处理部分包括纯水、超纯水、出水水质在线监测。

4）储水水箱。采用分离式压力储水桶存储 RO 纯化水，随用随取，不必等待，提高了实训室的工作效率(与生化仪配套的 UPLG 型超纯水机配置为聚乙烯水箱)。其结构如图 1-15～图 1-17 所示。

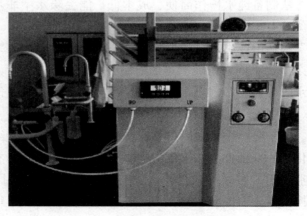

图 1-15　超纯水机外观

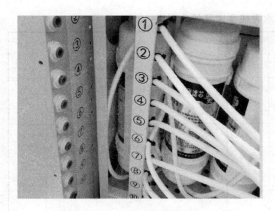
图 1-16 超纯水机内部结构(一)

图 1-17 超纯水机内部结构(二)

(2)超纯制水工艺流程。

1)RO 级纯水制取工艺。RO 级纯水制取工艺流程如下：

原始水→PP 精滤→AC 活性炭→MF 微滤→UF 超滤→RO 反渗透

2)电子 UP 级纯水制取工艺。电子 UP 级纯水制取工艺流程如下：

原始水→PP 精滤→AC 活性炭→MF 微滤→IX 纯化

(3)超纯制水机出水水质。

1)实验 RO 级纯水机电导率为 2~10 μs/cm，制取的水相当于二、三级水，适用实验器皿冲洗、微生物检验、生化分析等常规实验的定性及定量分析项目。

2)实验 UP 级纯水机电导率为 0.1~0.055 μs/cm，制取的水相当于一级水，适用原子吸收、液相色谱、气相色谱、质谱分析、微生物培养基、蛋白质、氨基酸分析、动植物细菌培养等用水。

3. 实训步骤

(1)参观实训室，熟悉制水机的结构。

(2)将学生分成小组，在教师的指导下，制取 RO 级水、UP 级水。

(3)测定实训室制取的 RO 级水、UP 级水的 pH 值。

1.3.5 技能训练

(1)在规定时间内完成制取 RO 级水、UP 级水各 200 mL。

(2)在规定时间内完成实训室 RO 级水、UP 级水 pH 值的测定。

(3)遵守安全规程，做到文明操作。

1.3.6 考核标准

分析实训室用水考核要求及评分标准见表 1-5。

表 1-5 分析实训室用水考核要求及评分标准

内容	考核内容	考核要点	配分	评分标准	扣分	得分
1	实验准备	1. 实验预习； 2. 试剂的准备	20	有一项不符合标准扣10分，扣完为止		
2	实验用水制备	1. RO级水、UP级分析用水的制备； 2. RO级水、UP级分析用水pH值的测定	60	有一项不符合标准扣30分，扣完为止		
3	安全文明操作	1. 实验台面整洁情况； 2. 物品摆放； 3. 安全操作情况	20	有一项不符合标准扣5分，扣完为止		
4	总分					

1.3.7 思考题

(1)实训室RO级水的制取工艺流程是什么？

(2)分析检验实训用水有哪些类型？实训室用的是什么水？

实训任务 1.4　分析检验实训室试剂管理知识

1.4.1　实训目标
(1)掌握分析检验实训室试剂存储条件选用的依据,能够正确存储化学试剂。
(2)熟悉常用化学试剂使用的注意事项。

1.4.2　实训仪器及试剂
(1)实训仪器:各种规格试剂瓶等。
(2)实训试剂:氢氧化钠、盐酸、重铬酸钾、浓氨水等常用试剂。

1.4.3　实训内容
通过对实训室试剂选用规则及存储规则的学习,完成分析检验实训室常用仪器和试剂的归类整理。

1.4.4　实训指导
在分析检验实训室里有着种类繁多的化学试剂,同时在科研开发中有可能会合成一些新的化学产品。因此,作为分析工作者应当经常学习,了解所用化学试剂、新合成的化学物质所用的原料及产品的毒性等有关知识,以便于确定实验室是否具备使用、合成、储存这些物质的条件。

1. 化学试剂的分类及规格

化学试剂种类很多,世界各国对化学试剂的分类和分级的标准各不相同,各国都有自己的国家标准及其他标准(如行业标准、学会标准等)。我国化学试剂有国家标准(GB)、化工部标准(HG)及行业标准(QB)三级。将化学试剂进行科学的分类,以适应化学试剂的生产、科研、进出口等需要,是化学试剂标准化研究的内容之一。

视频 1-3　化学试剂的规格与分类

化学试剂产品众多,有分析试剂、仪器分析专用试剂、指示剂、有机合成试剂、试剂、电子工业专用试剂、医用试剂等。随着科学技术和生产的发展,新的试剂种类还将不断产生。常用的化学试剂分类方法有按化学试剂用途和组成分类、按化学试剂用途和学科分类、按化学试剂包装和标志分类、按化学试剂的标准分类等。一般将化学试剂分为标准试剂、一般试剂、高纯试剂和专用试剂 4 大类。

(1)标准试剂。标准试剂是用于衡量其他(欲测)物质化学量的标准物质。标准试剂的特点是主体含量高,而且准确可靠。其产品一般由大型试剂厂生产,并严格按照国家标准检验。

(2)一般试剂。一般试剂是实训室最常用的试剂,指示剂也属于一般试剂,一般可分为4个等级。其规格、等级和用途见表1-6。

表 1-6 一般试剂的规格、等级和用途

试剂级别	中文名称	英文名称	标签颜色	用途
一级试剂	优级纯	GR	绿色	精密分析实验及科学研究
二级试剂	分析纯	AR	红色	一般分析实验及科学研究
三级试剂	化学纯	CP	蓝色	一般化学实验
四级试剂	实验试剂	LR	棕色或黄色	一般化学实验辅助试剂

(3)高纯试剂。高纯试剂的特点是杂质含量低(比优级纯基准试剂低),主体含量与优级纯相当,而且规定检验的杂质项目比同种优级纯或基准试剂多。高纯试剂主要用于微量分析中试样的分解及制备。

高纯试剂多属于通用试剂,如 HCl、$HClO_4$、$NH_3 \cdot H_2O$、Na_2CO_3、H_3BO_3 等。目前只有8种高纯试剂颁布了国家标准。其他产品执行企业标准,在产品标签上标有"特优"或"超优"字样。

(4)专用试剂。专用试剂是指具有特殊用途的试剂。其特点是不仅主体含量高,而且杂质含量低。专用试剂与高纯试剂的区别是,在特定用途中有干扰的杂质成分只需控制在不致产生明显干扰的限度以下。

专用试剂种类很多,如紫外及红外光谱法试剂、色谱分析试剂、气相色谱载体及固定液、液相色谱填料、薄层色谱试剂、核磁共振分析用试剂等。

2. 化学试剂的选用

化学试剂的纯度越高,其生产或提纯的过程就越复杂,且价格越高,如基准试剂和高纯试剂的价格要比普通试剂高数倍乃至数十倍。因此,应根据所做实验的具体情况,如分析方法的灵敏度和选择性、分析对象的含量及结果的准确度要求,合理选用不同级别的试剂。

化学试剂的选用原则是在满足实验要求的前提下,选择试剂的级别应就低不就高,这样既不会超级别造成浪费,又不会随意降低试剂级别而影响分析结果。通常,滴定分析配制标准溶液时用分析纯试剂,仪器分析一般用专用试剂或优级试剂,而微量、超微量分析则应用高纯试剂。

3. 化学试剂的保管及存储

化学试剂如保管不妥,就会变质,若分析测定使用了变质试剂不仅会导致分析误差,还会造成分析检验工作失败,甚至引起事故。因此,了解试剂变质的原因,妥善保管化学试剂是分析检验实训室中一项十分重要的工作。

(1)影响化学试剂变质的主要因素。影响化学试剂变质的主要因素有空气、温度、光照、杂质及存储期等。

1)空气影响。空气中的氧气易使还原性试剂氧化而破坏;强碱性试剂易吸收空气中的二氧化碳变成碳酸盐;空气中的水分可以使某些试剂潮解、结块;纤维、灰尘能使某些试剂还原、变色等。

2)温度影响。夏季高温会加快有些试剂分解;冬季寒冷会使甲醛聚合而沉淀变质。

3)光照影响。日光中的紫外线能加速某些试剂的化学反应而使其变质。

4)杂质影响。某些杂质会引起不稳定试剂的变质。

5)存储期影响。不稳定试剂在长期存储过程中可能会发生歧化聚合、分解或沉淀等变化。

(2)化学试剂的存储方法。化学试剂一般应存储在通风、干净和干燥的环境中,要远离火源并防止水分、灰尘和其他物质污染。

1)固体试剂应保存在广口瓶中,液体试剂应盛放在细口瓶或滴瓶中;见光易分解的试剂(如硝酸银、高锰酸钾、草酸、双氧水等)应盛放在棕色瓶中并置于暗处;容易腐蚀玻璃而影响试剂纯度的(如氢氧化钾、氢氟酸、氟化钠等)应保存在塑料瓶中或涂有石蜡的玻璃瓶中;盛放碱液的试剂瓶要用橡皮塞,不能用磨口塞,以防瓶口被碱溶解而黏在一起。

2)吸水性强的试剂(如无水碳酸钠、苛性碱、过氧化钠等)应用蜡密封。

3)剧毒试剂(如氰化物、砒霜、氢氟酸、氯化汞等)应由专人保管,要经一定手续取用,以免发生事故。

4)易相互作用的试剂,如蒸发性的酸与氨、氧化剂与还原剂应分开存放。易燃试剂如乙醇、乙醚、苯、丙酮等,易爆炸的试剂如高氯酸、过氧化氢、硝基化合物,应分开放在阴凉通风、不受阳光直射的地方。灭火方法相抵消的化学试剂不能同室存放。

5)特种试剂(如金属钠)应浸在煤油中保存,白磷应浸在水中保存。

同时在存储化学药品时,还要注意化学物质毒性的相加、相乘作用。如盐酸是实训室常用的试剂,具有挥发性,但将盐酸与甲醛存储在同一个药品柜里,就会在空气中合成氯甲醚,而氯甲醚就是一种致癌物质。

4. 实训步骤

(1)将学生分成小组,每组写出一份试剂的归纳整理方案。

(2)根据本次采购化学试剂的品种、规格、性质,在教师的指导下,每组按照各自的任务进行归类,并存放在试剂柜中的相应位置,贴上标签。

1.4.5 技能训练

(1)在规定时间内完成实训室新购买化学试剂的整理和归类。

(2)所有药品摆放基本符合要求。

(3)遵守安全规程,做到文明操作。

1.4.6 考核标准

分析检验试剂管理考核要求及评分标准见表1-7。

表 1-7 分析检验试剂管理考核要求及评分标准

序号	考核内容	考核要点	配分	评分标准	扣分	得分
1	实验准备	1. 实验预习； 2. 试剂的准备	20	有一项不符合标准扣 10 分，扣完为止		
2	化学试剂	1. 化学试剂的分类； 2. 化学试剂的整理是否合理	60	有一项不符合标准扣 20 分，扣完为止		
3	安全文明操作	1. 实验台面整洁情况； 2. 物品摆放； 3. 安全操作情况	20	有一项不符合标准扣 5 分，扣完为止		
4	总分					

1.4.7 思考题

（1）简述化学试剂的分类及用途。实训室应该用哪一级别的试剂？

（2）分析纯试剂的标签颜色是什么？

实训任务1.5 分析检验实训"三废"的排放

1.5.1 实训目标

(1)熟悉实训室"三废"的来源。
(2)掌握实训室"三废"的简单处理方法。

1.5.2 实训仪器及试剂

(1)实训仪器：烧杯、试剂瓶、废液缸等。
(2)实训试剂：氢氧化钠、高锰酸钾、铁屑等。

1.5.3 实训内容

通过对实训室"三废"处理的原理、操作方法的学习，正确地处理在实训过程中产生的废气、废液、废渣。

1.5.4 实训指导

在分析检验过程中，常有废液、废气、废物，即"三废"的排放，大量的有害物质会对环境造成污染，威胁人们的健康。如SO_2、NO、Cl_2等气体对人的呼吸道有强烈的刺激作用，对植物也有伤害作用；As、Pb和Hg等化合物进入人体后，不易分解和排出，长期积累会引起胃疼、皮下出血、肾功能损伤等；氯仿、四氯化碳等能致肝癌，多环芳烃能致膀胱癌和皮肤癌，某些铬的化合物触及皮肤破伤处会引起其溃烂不止等。为了保证实验人员的健康，防止环境污染，必须对实验过程中产生的有毒有害物质进行必要的处理后再排放。

实训室"三废"通常指实验过程所产生的一些废气、废液、废渣。这些废弃物中许多是有毒有害物质，其中有些还是剧毒物质和强致癌物质，虽然在数量与强度方面不及工业、企业单位，但是如果不及时处理也会给环境造成很大的污染。

同时，在实训教学中重视减少"三废"的产生和无害化处理工作，既可培养学生良好的实验习惯，又能为学生提供处理环境问题的机会，使学生将学到的理论知识应用于实训室环境污染治理的实践中，从而获得环境保护知识和掌握处理环境问题的技能，形成对待环境的正确态度，提高环保意识，最终达到具有解决一般环境问题的能力。

由于实训室所用的化学药品种类多，"三废"成分复杂，故应分别进行排放或处理。

1. 实训室废液的处理

(1)对不含有毒害离子的稀酸废水和稀碱废水，在实验时应随时收集于相应的桶中，达到一定量后相互中和并调节pH值为6.5~8.5后，直接排入污水管道。

(2)一般盐溶液直接排放：对于含有有害离子的盐溶液用化学方法转化处理并稀释后再排放；对于含有贵重金属离子的盐溶液，采用还原法处理后回收。

(3)含氰化物的废液，可用氢氧化钠调至 pH 值为 10.0 以上，再加入 3‰ 高锰酸钾使 CN^- 氧化分解，CN^- 含量高的废液可用碱性氯化法处理，即在 pH 值为 10.0 时加入次氯酸钠使 CN^- 氧化分解。

(4)对于某些数量较少、浓度较高确实无法回收使用的有机废液，可采用活性炭吸附法、过氧化氢氧化法处理，或在燃烧炉中供给充分的氧气使其完全燃烧。

(5)铬酸洗液失效，浓缩冷却后加高锰酸钾粉末氧化，用砂芯漏斗滤去二氧化锰后可以重新使用。失效的废洗液可用废铁屑还原残留的 Cr^{6+} 到 Cr^{3+}，再用废碱或石灰中和低毒的 $Cr(OH)_3$ 沉淀。

(6)对含有有机溶液的废液进行蒸馏回收或焚烧处理。

(7)混合废液可用铁粉法处理。调 pH 值至 3.0~4.0，加入铁粉，搅拌 0.5 h，加碱调 pH 值至 9.0 左右，继续搅拌 10 min，加入高分子混凝剂，混凝后沉淀，将清液排放，沉淀物以废渣处理。

(8)对于毒害性的废液，采用深埋处理(1 m 以下)。

2. 实训室废气的处理

化学反应产生废气应在排入大气前做简单的处理。对可能产生毒害性较小或少量有毒气体的实验放在通风橱内操作，通过排气管道将废气排放到室外，利用室外大量的空气来稀释有毒废气。通风管道应有一定高度，使排出的气体易被空气稀释，对于可能产生毒害性较大或大量有毒气体的实验，有毒气体通过转化处理后(吸收处理或与氧充分燃烧)，经过再次稀释才能排到室外。如氮氧化物、二氧化硫等酸性氧化物气体，可用导管通入碱液，使其被吸收后排出，可燃性有机毒物在燃烧炉中可以完全燃烧。

3. 实训室废渣的处理

化学实训室废渣量相对较少，主要为实验剩余的固体原料、固体生成物和废纸、玻璃仪器碎片等无毒杂物。对环境无污染、无毒害的固体废弃物按一般垃圾处理；对易于燃烧的固体有机废物采取焚烧处理。

4. 实训步骤

(1)将学生分成小组，每组针对教师分配的任务写出相应的废弃物处理方案。

(2)在教师的指导下，每组处理一种实训室的废液或废渣。

1.5.5 技能训练

(1)在规定时间内完成实训室"三废"的处理。

(2)"三废"的处理基本符合要求。

(3)遵守安全规程，做到文明操作。

1.5.6 考核标准

实训室"三废"处理考核要求及评分标准见表 1-8。

表 1-8 实训室"三废"处理考核要求及评分标准

序号	考核内容	考核要点	配分	评分标准	扣分	得分
1	实验准备	1. 实验预习； 2. 试剂的准备	30	有一项不符合标准扣 10 分，扣完为止		
2	"三废"处理	1. 方法是否合理； 2. 操作是否正确； 3. 处理结果较好	50	有一项不符合标准扣 20 分，扣完为止		
3	安全文明操作	1. 实验台面整洁情况； 2. 物品摆放； 3. 安全操作情况	20	有一项不符合标准扣 5 分，扣完为止		
4	总分					

1.5.7 思考题

(1) 什么是实训室"三废"？"三废"为什么需要处理后才能排放？
(2) 简述实训室废液的处理方法。

实训任务1.6 分析检验人员职业道德基本知识

1.6.1 实训目标

(1)掌握分析检验实训室的管理知识及职业道德标准。
(2)掌握国家、行业、企业标准的基本知识。
(3)培养查阅、参与制定企业标准的能力。
(4)学会准确、规范地出具检验报告。

1.6.2 实训仪器及试剂

(1)实训仪器:试剂瓶、烧杯等玻璃仪器。
(2)实训试剂:氢氧化钠、盐酸等常用试剂。

1.6.3 实训内容

学习实训室管理知识、分析检验人员职业道德准则,练习根据需求查阅国家、行业及企业标准。

1.6.4 实训指导

1. 实训室"7S"管理模式

"7S"管理模式是现场管理的基础,是一种行之有效的现场管理方法。由于高等职业教育培养的是生产第一线的高素质技术技能型人才,这就要求学生必须具备现场生产管理的基本职业素养。

"7S"包括整理、整顿、清扫、清洁、素养、安全、节约7项。

(1)整理。
1)含义:将要用的和不用的区分开;只放置要用的,不用的放开。
2)目的:腾出空间,活用空间;防止误用误送;按需决定用量。
3)强调:实训室可按工作区、备件区、电控区、领件区、安全通道、教学区等划分;工作区:作业面积较大,无任何杂物;备件区:视实训室情况放置备用品;学生应对不同区域的所有物件进行认识,并进行整理。

(2)整顿。
1)含义:将需要的人、事、物加以定量、定位。
2)目的:工作场所一目了然,有一个整齐的工作环境;减少寻找时间;提高效率,要做到物归原位。
3)强调:按"三定"原则——定位置、定数量、定区域;定位置是指规定物品堆放、工具放置、通道、班组工作场地位置,学生作业更方便、更快并随时整顿、不串岗;

定数量是指对各区域堆放物品、设备、工具的数量加以限制；定区域是指对产品堆放区可具体划分为合格区、不合格品区、待检区等。

(3)清扫。

1)含义：将工作场所打扫干净，在设备异常时马上进行修理，使之恢复正常。

2)目的：保证良好的工作情绪；稳定品质；达到零故障、零损耗。

3)强调：每组负责清扫自己的工作区、领件区、设备及设备的维护保养等，注意过程清扫和结束清扫；每天的值日生及时打扫公共区的地面、窗台、设备表面、教学区等。

(4)清洁。

1)含义：将整理、整顿、清扫贯彻到底，并且标准化、制度化。

2)目的：成为惯例和制度，通过制度化维持成果，是标准化的基础，企业文化开始形成。

3)强调：通过前面的整理、整顿、清扫，实训室始终保持清洁的工作环境；学生进入实训室，要求工作服必须穿戴整齐；在实训室，一旦有讲粗话的现象，及时阻止，要求做到精神上的"清洁"和待人接物均有礼貌；实训室整体清洁；清洁的作用是将前面的做法制度化、规范化，并执行和巩固成果。

(5)素养。

1)含义：对于规定的事情，大家都要去执行，并养成一种习惯。

2)目的：遵守规章制度，培养具有良好素质和习惯的人才，铸造团队精神。

3)强调：每次实训均认真记录考勤；在自己工作区作业时，一旦进入别人的工作区均扣分；要主动帮助别人，并给予加分；每个子模块考核时，让组员互相监督、互相协助，体现团队协作精神和协作的重要性；共用的物件用完归位，损坏公物要赔偿，及时处理；平时考核学生规则、规定、礼仪、职业道德执行情况。

(6)安全。

1)含义：管理上制定正确的作业流程，配置适当的工作人员监督；对不合安全规定的因素及时举报消除；加强作业人员安全意识教育；签订安全责任书。

2)目的：预知危险，防患未然。

3)强调：每次实训开始必须签订安全保证书，并严格执行，作为实训成绩考核的内容之一。

(7)节约。

1)含义：减少企业的人力、成本、空间、时间、库存、物料消耗等因素。

2)目的：养成降低成本习惯，加强工作人员减少浪费意识教育。

3)强调：每次实验试剂及药品均应按需要称取，同时组员互相监督；共用的物件用完归位；并将其纳入平时成绩考核。

7S管理是环境与行为建设的管理文化，它能有效解决工作场所凌乱、无序的状态，有效提升个人行动能力与素质，有效改善文件、资料、档案的管理，有效提升工作效率和团队业绩，使工序简洁化、人性化、标准化。

2. 分析检验人员职业道德基本知识

(1) 分析检验人员品质要求。检验人员品质的核心是对国家、对用户的责任感，是检验人员任职的首要条件。他们必须认真负责，处事公正，坚持原则；做到热情接待来访，对客户一视同仁；检验数据公正准确，严谨认真；严格按国家的检验标准及规范进行工作，绝不能出具不负责任的检验报告。

(2) 分析检验人员职业道德准则。

1) 科学检验、公平公正。遵循科学求实原则，开展检验工作，检验行为要公正公平，检验依据真实可靠。

2) 程序规范、保质保量。严格按照检验标准、规范、操作规程进行检验，检验资料齐全，检验结论规范，保证每一项检验工作过程的质量。

3) 遵章守纪、尽职尽责。遵守国家法律法规和本单位规章制度，认真履行岗位职责，不在与检验工作相关的机构兼职。

4) 热情服务、维护权益。树立为社会服务的意识，维护委托方的合法权益，对委托方提供的样品、文件和检验数据，应按规定严格保密。

5) 坚持原则、刚直清正。坚持真理、实事求是，不做假实验，不出假报告，敢于揭露举报各种违法违规行为。

6) 顾全大局、团结协作。树立全局观念，团结协作，维护集体荣誉，谦虚谨慎、尊重同志，协调好各方面关系。

7) 勤奋工作、爱岗敬业。热爱检验工作，具有坚定的事业心和高度的社会责任感，工作有条不紊，处事认真负责，恪尽职守，踏实勤恳。

8) 廉洁自律、杜绝舞弊。廉洁自律、自尊自爱，不接受可能影响检验公正的宴请和娱乐活动。不进行违规检验，不向委托人收受礼品、礼金和各种有价证券，杜绝吃、拿、卡、要现象。

3. 相关标准的基本知识

标准是衡量产品质量的技术依据，因此，依据标准对产品的质量进行监督十分重要，作为分析检验人员还需要掌握产品的等级标准等相关知识。

标准是为在一定的范围内获得最佳秩序，对活动或其结果规定共同的和重复使用的规则、导则或特性文件，该文件经协商一致制定并由一个公认的机构批准。

标准化是为在一定的范围内获得最佳秩序，以实际或潜在的问题制定共同和重复使用规则的活动。

标准是一种特殊的文件，标准化是一种活动，标准是标准化的产物。标准是通过标准化活动，按照规定的程序经协商一致制定，为各种活动或其结果提供规则、指南或特性，供共同使用和重复使用的一种文件。

(1) 标准分级。标准分级是依据标准适应范围的不同，将其划分为若干个不同的层次，我国分为四级，即国家标准、行业标准、地方标准及企业标准。除四级外，我国于1998年又通过"国家标准化指导性技术文件"对四级标准进行了补充。

1)国家标准。国家标准是指由国家的官方标准化机构或国家政府授权的有关机构批准、发布,在全国范围内统一和适用的标准,分为强制性国家标准和推荐性国家标准。国家标准由国务院标准化主管部门编制计划和组织草拟,并统一审批、编号和发布。国家标准的代号用"国""标"两个汉字拼音的第一个字母"G"和"B"组合而成,以"GB"表示强制性国家标准,以"GB/T"表示推荐性国家标准。

国家标准编号由国家标准代号、国家标准发布顺序号和国家标准发布的年号(四位数字)构成。

强制性国家标准编号:GB ×××××—××××。例如,GB 7718—2011。

推荐性国家标准编号:GB/T ×××××—××××。例如,GB/T 11—2013。

国家标准化指导性技术文件编号:GB/Z ×××××—××××。例如,GB/Z 24783—2009。

中国国家标准化管理委员会负责组织国家标准的制定、修订工作,负责国家标准的统一审查、批准、编号和发布。

2)行业标准。行业标准是指全国性的各行业范围内统一的标准。《中华人民共和国标准化法》规定:"对没有推荐性国家标准、需要在全国某一行业范围内统一的技术要求,可以制定行业标准。"由国务院有关行政主管部门编制计划,组织草拟,统一审批、编号、发布,并报国务院标准化行政主管部门备案。行业标准是国家标准的补充,行业标准在相应的国家标准实施后,自行废止。

行业标准编号由行业标准代号、标准顺序号及年号(四位数)组成。

强制性行业标准编号:(行业标准代号)×××××—××××。例如,JB/T 20004—2017。

推荐性行业标准编号:(行业标准代号)×××××—××××。例如,JB/T 8945—2010。

3)地方标准。在某个省、自治区、直辖市范围内需要统一的标准,对没有国家标准和行业标准而又需要在省、自治区、直辖市范围内统一的工业产品的安全和卫生要求,可以制定地方标准。制定地方标准的项目,由省、自治区、直辖市人民政府标准化行政主管部门确定,由省、自治区、直辖市人民政府行政主管部门编制计划,组织草拟,统一审核、编号、发布,并报国务院标准化行政主管部门和国务院有关行政主管部门备案。地方标准不得与国家标准、行业标准相抵触。

地方标准的编号,由"DB"加上省、自治区、直辖市行政区划代码前两位数,再加上斜线、顺序号和年号四部分组成。

地方标准的代号,由汉语拼音字母"DB"加上省、自治区、直辖市行政区划代码前两位数再加上斜线组成。

强制性地方标准代号再加上"T"组成推荐性地方标准代号。例如,辽宁省强制性地方标准代号为DB21;辽宁省推荐性地方标准代号为DB21/T。

4)企业标准。企业标准是指企业所制定的产品标准和企业内需要协调、统一的技术要求与管理工作要求所制定的标准。在没有国家标准、行业标准、地方标准时，企业可制定企业标准以指导生产。企业可制定高于国家标准、行业标准、地方标准的企业标准，在企业内使用。

企业标准由企业制定，由企业法人代表或法人代表授权的主管领导批准、发布，由企业法人代表授权的部门统一管理。企业标准应在发布后 30 d 内办理备案，一般按企业隶属关系报当地标准化行政管理主管部门和有关行政主要部门备案。

（2）标准性质。国家标准、行业标准可分为强制性和推荐性两种性质。我国保障人体健康，人身、财产安全的标准和法律中，行政法规规定强制性执行的标准是强制性标准，其他标准为推荐性标准。地方标准中，工业产品安全、卫生要求的地方标准在本行政区域内是强制性标准。

1）强制性标准。强制性标准是指具有法律属性，在一定范围内通过法律、行政法规等强制性手段加以实施的标准。强制性标准必须执行，不符合强制性标准的产品，禁止生产、销售和出口。强制性标准的强制作用和法律地位是国家有关法律赋予的。

强制性标准可分为全文强制和条文强制两种形式。全文强制：标准的全部技术内容都要强制。条文强制：标准的部分技术内容需要强制。强制性内容的范围：有关国际安全的技术要求；保证人体健康和人身、财产安全的要求；产品及产品生产、储运和使用中的安全、卫生、环境保护、电磁兼容等技术要求；工程建设的质量、安全、卫生、环境保护要求及国家需要控制的工程建设的其他要求；污染物排放限值和环境质量要求；保护动植物生命安全和健康的要求；防止欺骗、保护消费者利益的要求；国家需要控制的重要产品和技术要求。

2）推荐性标准。推荐性标准是非强制执行的标准，国家鼓励企业自愿采用推荐性标准。

（3）标准制定。

1）标准制定的基本原则。认真贯彻国家有关法律、法规和方法政策；充分考虑使用要求，并兼顾全社会的综合效益；合理利用国家资源、推广先进技术成果，在符合使用要求的条件下，有利于标准对象的简化、选优、通用和互换，做到技术上先进、经济上合理；相关标准要协调配合；有利于保障社会安全和人民身体健康；积极采用国际标准和国外先进标准，有利于促进对外经济合作和发展对外贸易，有利于我国标准化与国际接轨。

2）制定标准的对象。"重复性事物"是制定标准对象的基本属性。重复性事物是指同一事物反复出现多次。例如，成批大量生产的产品在生产过程中的重复投入、重复加工、重复检验；同一类技术活动，如某零件的设计，在不同地点、不同对象上同时或相继发生；某一种概念、方法、符号、标识被人们反复应用等。

事物具有重复出现的特征，才有制定标准的必要。对重复性事物制定标准的目的是总结以往的经验或教训，选择最佳方案，作为今后实践的目标和依据。这样既可最大限度地减少不必要的重复劳动，又能扩大"最佳方案"的重复利用范围。

3）标准制定的程序：

第一阶段：预备阶段，在充分研究和论证的基础上，提出新的工作项目建议。

第二阶段：立项阶段，在对新工作项目建议的必要性和可行性进行充分论证、审查和协调的基础上，提出新的工作项目。

第三阶段：起草阶段，是制定标准的关键阶段，按编制标准起草案征求意见稿、编写编制说明和有关附件。

第四阶段：征求意见阶段。

第五阶段：审查阶段。

第六阶段：批准阶段。

第七阶段：出版阶段。

第八阶段：复审阶段。复审工作一般由编制制定单位组织进行，其周期一般不超过5年，复审的结果一般有确认标准继续有效；予以修订，修订标准的程序和制定标准的程序基本一样予以废止。

第九阶段：废止阶段。

(4)标准化的常见形式。比较常见的标准化形式有简化、统一化、通用化、系列化等。

1)简化。简化是指在一定范围内缩减对象(事物)的类型数量，使之在既定时间内满足一般需要的标准化形式。简化是对社会产品的类型进行有意识的自我控制和调节的一种有效形式。

2)统一化。统一化是指将同类事物两种以上的表现形式归并为一种或限定在一个范围内的标准化形式。统一化的实质是使对象在形式、功能或其他技术特性具有一致性，并将这种一致性通过标准确定下来。统一化的目的在于消除由于不该有的多样化而造成的混乱，为正常活动建立共同遵守的秩序。统一化分为两类：一类是绝对的统一；另一类是相对的统一。简化与统一化的区别在于前者着眼于一致，即从个性中提炼共性；后者肯定某些个性同时并存，着眼于精炼。

3)通用化。通用化是指在相互独立的系统中，选择和确定具有功能互换性或尺寸互换的子系统或功能单元的标准化形式。互换性是指不同时间、不同地点制造出来的产品或零件，在装配、维修时，不必经过修整就能任意替换使用的性能。互换性有两层含义：一是产品的功能可以互换；二是产品的配合参数按规定的精确度互相接近，通常称为尺寸互换。

4)系列化。系列化是指产品系列化，它是对同一产品中的一组产品同时进行标准化的一种形式。

(5)企业标准化。企业标准化是指以提高经济效益为目标，以做好生产、管理、技术和营销等各项工作为主要内容，制定、贯彻、实施和管理维护标准的一种有组织的活动。

1)企业标准化的基本任务。

①贯彻执行国家、行业和地方有关标准化的法律、法规、规章和方针政策。

②贯彻实施有关的技术法规、国家标准、行业标准、地方标准和上级标准。

③正确制定、修订和贯彻实施企业标准。在制定和修订企业标准时注意积极采用国际标准和国外先进标准。

④积极承担上级标准的制定和修订任务。
⑤建立和健全企业标准体系并使之正常、有效运行。
⑥对各种标准的贯彻实施进行监督和检查。
2)企业标准化体系的构成。以技术标准为主体,包括管理标准和工作标准。
3)企业标准贯彻实施的监督。
①国家标准、行业标准、地方标准中的强制性标准,企业必须严格执行。
②企业生产的产品,必须按标准组织生产、按标准检验。
③企业研制的新产品、改进产品,以及进行技术改造和技术引进,都必须进行标准化审查。
④企业应该接受标准化行政主管部门和有关行政主管部门,依据有关法律、法规,对企业实施标准情况进行的监督检查。

1.6.5 技能训练

(1)学生在实训室训练和体验"7S"管理。
(2)在规定时间内完成各组实验台的归纳整理。
(3)给定一个任务在规定时间内完成标准的查阅。
(4)遵守安全规程,做到文明操作。

1.6.6 考核标准

职业道德准则与标准考核要求及评分标准见表1-9。

表1-9 职业道德准则与标准考核要求及评分标准

序号	考核内容	考核要点	配分	评分标准	扣分	得分
1	实验准备	1. 实验预习; 2. 试剂的准备	20	有一项不符合标准扣10分,扣完为止		
2	7S管理训练	1. 方法是否合理; 2. 操作是否正确; 3. 处理结果较好	30	有一项不符合标准扣20分,扣完为止		
3	标准查阅	1. 方法是否合理; 2. 操作是否正确; 3. 处理结果较好	30	有一项不符合标准扣20分,扣完为止		
4	安全文明操作	1. 实验台面整洁情况; 2. 物品摆放; 3. 安全操作情况	20	有一项不符合标准扣5分,扣完为止		
5	总分					

1.6.7 思考题

(1)我国标准分为几级？各级标准的适用范围是什么？
(2)我国有哪些与制定标准有关的法规？
(3)分析检验人员的职业道德准则有哪些？

项目 2
分析天平的安装调试与称量

项目目标

1. 熟悉分析天平的构造,并进行简单故障的处理。
2. 熟悉分析天平的正确操作方法。
3. 会用分析天平对液体、固体样品根据需要用不同的方法称量。

项目任务

根据分析天平的构造及称量原理,对分析天平进行安装调试并对简单故障进行处理。

实训任务 2.1　分析天平的安装调试

2.1.1　实训目标

(1)学习分析天平的构造、安装及调试。
(2)掌握分析天平简单故障的排除方法。

2.1.2　实训仪器及试剂

(1)实训仪器：分析天平、检修天平常用的工具。
(2)实训试剂：固体氧化锌、碳酸钙。

2.1.3　实训内容

(1)通过电子分析天平的安装与调试学习电子天平的使用方法。
(2)熟悉电子分析天平简单故障的排除方法。

2.1.4　实训指导

1. 电子分析天平的结构及性能

(1)电子分析天平的结构。随着现代科学技术的不断发展，电子分析天平的结构设计一直在不断改进和提高，向着功能多、平衡快、体积小、质量轻和操作简便的趋势发展。但就其基本结构和称量原理而言，各种型号的电子分析天平都大同小异。常见电子分析天平的基本结构如图 2-1 所示。

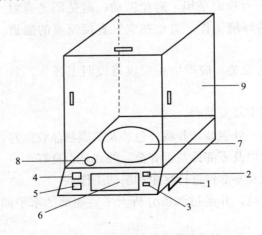

图 2-1　电子分析天平的基本结构
1—水平调节螺栓；2—ON 键；3—OFF 键；4—CAL 校正键；
5—TAR 清零键；6—显示屏；7—称量盘；8—气泡式水平仪；9—侧门

(2)电子分析天平的性能。电子分析天平采用了现代电子控制技术,利用电磁力平衡原理实现称重。即测量物体时采用电磁力与被测物体重力相平衡的原理实现测量,当秤盘上加上或除去被称物时,天平则产生不平衡状态,此时,可以通过位置检测器检测到线圈在磁钢中的瞬间位移,经过电磁力自动补偿电路使其电流变化以数字方式显示出被测物体质量。天平在使用的过程中会受到所处环境温度、气流、振动、电磁干扰等因素影响,因此,要尽量避免或减少在这些环境下使用。其性能特点如下:

1)电子分析天平支撑点采用弹性簧片,没有机械天平的玛瑙刀,取消了升降框架装置,采用数字显示方式代替指针刻度式显示,使用寿命长、性能稳定、灵敏度高、操作方便。

2)电子分析天平采用电磁力平衡原理。称量时全程不用砝码,只要放上被称物,在几秒内可以达到平衡、显示读数,具有称量速度快、精度高的特点。

3)有些电子分析天平具有称量范围和读数精度可变功能。如瑞士的梅特勒 AE240 天平,在 0~200 g 称量范围内,读数精度为 0.1 mg;在 0~41 g 称量范围内读数精度为 0.01 mg,可以一机多用。

4)电子分析天平是高智能化的,可在全程范围内实现去皮、累加、超载显示、故障报警等。

5)电子分析天平具有质量限号输出功能,可以连接打印机、计算机,实现称量、记录和计算自动化。同时,也可以在生产、科研中作为称量检测的手段。

2. 电子分析天平的安装和使用方法

本书只介绍电子分析天平的安装、调试及简单故障的排除方法。

(1)电子分析天平的工作环境与安装。

1)工作环境。电子分析天平为高精度测量仪器,故仪器安装位置应注意:安装平台稳定平坦,避免振动;避免阳光直射和受热,避免湿度大的环境工作;避免在空气直接流通的通道上使用。

2)电子分析天平的安装。应严格按照仪器说明书操作。具体步骤如下:

视频 2-1 分析天平的调水平

①选择合格的安装室及安装台。

②拆去电子分析天平外包装,并将外包装及防震物品收藏好,以备再用。

③清点分析天平主机及零部件是否齐全,外观是否良好。

④对分析天平主机及零部件进行除尘和清洁工作。

⑤安装分析天平主机,并通过调整分析天平后底部的水平调整脚,将分析天平调整至分析水平状态。

⑥将分析天平的秤圈、秤盘等活动部件安装到位。有些秤盘需要旋转才能固定好。

⑦松开运输固定螺丝或键钮等止动装置。

⑧将电子分析天平的外接电源选择键钮调至当地供电电压档上。

⑨把外接电源、插销插入外接电源插座内,并打开电子分析天平的电源开关,观察分析天平的显示是否正常,如正常显示就按说明书的要求进行预热。

(2)电子分析天平的使用。

1)调水平。天平开机前,应观察天平水平仪内的水泡是否位于圆环中央,否则应通过天平地脚螺栓调节,左旋升高,右旋下降。

2)预热。天平在初次接通电源或长时间断电后开机时,至少需要 30 min 的预热时间。因此,实训室电子分析天平在通常情况下,不要经常切断电源。

3)校准。首次使用天平必须校准;如果天平长期没有使用过(30 d 左右)或天平移动过位置,应该对天平重新校准;为使称量更加准确,也可对天平随时校准,校准时可按说明书用内装标准砝码或外部自备有修正值的标准砝码进行。具体操作方法是:按校正键(CAL 键),天平将显示所需校正的砝码质量(如 100 g),放上 100 g 标准砝码,直至显示 100.0 g,校正完毕,取下标准砝码。

视频 2-2 分析天平的校准

(3)电子分析天平的称量。

1)取下天平罩,叠好,放于天平后,检查天平盘内是否干净,必要的话予以清扫。

2)检查天平是否水平,若不水平,调节底座螺栓,使气泡位于水平仪中心。

3)接通电源,预热 30 min 后方可开启显示器。

4)轻按开关键(ON/OFF 键),显示屏全亮,天平先显示型号,稍后显示为 0.000 0 g,即可开始使用。

5)如果显示不正好是 0.000 0 g,则需按一下"调零"键。

6)称量。将容器(或被称量物)轻轻放在秤盘上,待显示数字稳定并出现质量单位"g"后,即可读数,并记录称量结果。若需清零、去皮,轻按 TARE 键,随即出现全零状态,容器质量显示值已去除,即去皮;可继续在容器中加入药品进行称量,显示出的是药品的质量;当拿走称量物后,就出现容器质量的负值。

7)称量完毕,取下被称量物,按一下 OFF 键(如不久还要称量,可不拔掉电源),让天平处于待命状态;再次称量时按一下 ON 键就可使用。最后使用完毕应拔下电源插头,盖上防尘罩。

3. 电子分析天平使用时注意事项

(1)使用前检查天平是否正常,是否水平,秤盘是否洁净,硅胶(干燥剂)是否变色失效。

(2)天平的载重不能超过天平的最大负载。

(3)在同一次实验中,应尽量使用同一台天平,以减少称量误差。

(4)天平的前门不得随意打开,它主要供安装、调试和维修天平时使用,被称量物只能从侧门取放。

(5)不能用手直接取放物体,被称量物外形不能过大,重物应位于秤盘中央。

(6)称量的物体必须与天平箱内的温度一致,不得将热的或冷的物体放进天平称量,对于过热或过冷的称量物,应使其回到室温后方可称量。

(7)严禁将化学品直接放在天平盘上称量,具有腐蚀性的气体或吸湿性物质,必须放在称量瓶或其他适当的密闭容器中称量。

(8)在开关门,放取称量物时,动作必须轻缓,切不可用力过猛或过快,以免造成天平损坏。

(9)读数前要关闭天平两边侧门,防止气流影响读数。

(10)称量结束,应将天平复原并核对一次零点。关闭天平,进行登记。盖好天平罩,切断电源。

4. 电子分析天平简单故障的排除及日常维护

(1)电子分析天平简单故障的排除。电子分析天平的操作及维护是一项复杂而又细致的工作,需要具有专门的知识。若在操作过程中出现故障,在未掌握一定技术之前,不能任意乱调,如需检修应由专门人员进行修理。但作为经常使用电子分析天平的分析检验工作人员也应针对天平的一般故障,查找产生的原因,及时排除,以保证分析工作正常进行。

在调修天平之前,首先应进行通电检查,记录天平不正常状态,初步判定故障部位,或根据天平本身的故障诊断程序来判断故障部位,然后进行调整或维修。其常见故障有以下几种:

1)电子分析天平显示器上显示"OL"时,说明这台电子分析天平的称量已经超过了最大荷载,请注意减载并且不要超过最大荷载。

2)电子分析天平的显示器上显示"UL"时,说明这台电子分析天平的称量处于欠载状态,应该仔细检查电子分析天平的称量盘或秤盘支架等,观察是否因未放上或未放好所致。

3)电子分析天平的显示器不亮时,故障原因:电源未接通或外部停电;变压器连接有问题;变压器损害;天平没有开启。调修方法:若电源未接通可仔细检查插销、导线等是否有断开或接触不良的情况,对其进行排除;正确连接变压器;更换同规格型号的变压器;开启天平。

4)电子分析天平的显示值不停地变动,应该及时调修,以免影响天平示值的准确可靠。故障原因:天平严重不水平,倾斜度太大;天平安装环境不符合要求;被称量物易挥发或吸潮等;被称量物与室温相差幅度较大。调修方法:调整电子分析天平使其处于水平状态;选择合格的安装环境和工作台面安装电子分析天平;用器皿盛放易挥发或吸潮物品进行称量,有效防止被称量物品的挥发和吸潮;将被称量物放在称量室进行必要的恒温处理后,再进行称量。

5)若电子分析天平的显示结果明显错误时,应及时进行调修,确保天平衡量结果的准确可靠。故障原因:电子分析天平没有进行去皮(或除皮);天平没有调好水平;天平长时间没有校正;天平校正不准确;环境影响。调修方法:称量过程中注意除皮重；认真检查调修天平，使电子分析天平处于水平状态；应该定期对天平进行校正，尤其是精确称量前更要对电子分析天平进行校正；如果天平校正不准确，可针对问题纠正或进行外校处理和线性调整；应避免温度、气流和湿度等对天平的影响。

6）电子分析天平如果无显示或者只显示破折号时，要及时处理，以免影响天平的正常使用。故障原因：电子分析天平的稳定性设置得太灵敏。调修方法：重新设置电子分析天平的稳定性，使其合适。

7）电子分析天平校正中显示器不停地闪烁时，应及时调修。故障原因：天平严重不水平；天平安装环境不符合要求；使用不符合要求的外校砝码。调修方法：调好电子分析天平水平状态；将电子分析天平安装在稳固的台面上，并保证环境符合电子分析天平的环境要求；避免使用不符合要求的外校准砝码，或者重新定义后，再进行校正。

8）开启电子分析天平后，若其显示器上无任何显示，说明此台电子分析天平发生了故障。故障原因：没有真正开启天平；没有电源或暂时停电；电源插销没有接触好；保险丝损坏；变压整流器损坏；电子分析天平电压挡选择不当；电源电压受到瞬间干扰；显示器损坏；电子分析天平 A/D 转换器可能有问题；电子分析天平的微处理器可能有故障。调修方法：重新开启电子分析天平；用电压表检查外来电源，确认无电后，只需关机待电；认真检查各电源插座并使之接触良好，必要时用万用表检查导线之间是否折断；更换同规格型号的保险丝；检修或更换电源变压整流器；正确选择电子分析天平的电压挡，使之与当地电压相符；如果电源电压过低应暂时关机，待电源电压稳定后，再重新开启天平；检修或更换电子分析天平的显示器、A/D 转换器；检修或更换电子分析天平的微处理器。

9）电子分析天平的显示器只显示下半部，表明天平发生了问题，应该马上进行检修。故障原因：称量系统有摩擦卡碰现象；称量盘未安上或安错；天平开启后，从称量盘上取下了物品。调修方法：检查称量系统，除去卡碰等故障；将称量盘安装好，如有几台同时安装，不要安错；天平开启后，再从称量盘取下物品，应关机再开。

（2）电子分析天平的日常维护管理。

1）天平应保持清洁，称量完毕，应及时清除遗留的被称量物，防止腐蚀天平。

2）天平内应及时、定期更换干燥剂，避免天平受潮引起称量误差。

3）天平应有专人管理，负责日常维护保养。

4）天平应按使用频率制定鉴定周期，定期检查天平的计量性能，确保天平的正常使用。

2.1.5 技能训练

（1）在规定时间内完成电子分析天平的安装与调试。

（2）安装工艺达到基本要求。

(3)分析天平简单故障进行排除。
(4)遵守安全规程,做到文明操作。

2.1.6 考核标准

天平安装调试考核要求及评分标准见表2-1。

表2-1 天平安装调试考核要求及评分标准

序号	考核内容	考核要点	配分	评分标准	扣分	得分
1	实验准备	1. 接通电源; 2. 天平预热	30	有一项不符合标准扣10分,扣完为止		
2	安装调试	1. 方法是否合理; 2. 操作是否正确; 3. 校准效果	50	有一项不符合标准扣20分,扣完为止		
3	安全文明操作	1. 实验台面整洁情况; 2. 物品摆放及仪器使用记录单是否填写; 3. 安全操作情况	20	有一项不符合标准扣5分,扣完为止		
4	总分					

2.1.7 思考题

(1)如何调节电子分析天平的零点?
(2)本次使用的天平可读到小数点后几位(以g为单位)?

实训任务 2.2　分析天平的称量练习

2.2.1　实训目标

(1)熟悉分析天平的构造，学会正确的称量方法。
(2)掌握减量称量法和固定质量称量法。
(3)掌握固体物质和液体物质的称量方法。

2.2.2　实训仪器及试剂

(1)实训仪器：分析天平、称量瓶、锥形瓶、表面皿、100 mL 烧杯等。
(2)实训试剂：固体氧化锌、碳酸钙、硫酸镍液体。

2.2.3　实训内容

根据所给样品的性状及实验要求分别选择直接称量法、固定质量称量法、减量称量法等合适的方法进行称量。

2.2.4　实训指导

1. 直接称量法

如需要称量洁净干燥的器皿、棒状或块状的金属及其他整块的不易潮解或升华的固体样品时宜选用直接称量法。

具体操作如下：天平零点调好以后，将被称量物用一干净的纸条套住(也可采用戴专用手套、用镊子或钳子等方法)，放在天平盘中央，所得读数即被称量物的质量。记录数据。

视频 2-3　直接称量法

2. 固定质量称量法

固定质量称量法用于称量指定质量的试剂或试样，如称量基准物质，来配制一定浓度和体积的标准溶液。此方法称量速度很慢，适于称量不吸水，在空气中性质稳定，颗粒细小或粉末状的样品。

具体操作如下：天平零点调好以后，用一个干燥洁净的容器，放在天平称量盘中央，按去皮键，使屏幕显示为 0.000 0 g。用药匙将试样慢慢加入盛放试样的器皿中。直到屏幕显示所需质量时，此时称得试剂的质量正好是所需质量。重复操作 3 次，记录数据。

视频 2-4　固定质量称量法

3. 减量称量法

减量称量法适于称量一般的固体颗粒状、粉状及液态样品(液态样品可用小滴瓶盛装),由于称量瓶和小滴瓶都有磨口瓶塞,对于称量较易吸潮、吸收空气中二氧化碳或挥发性试样很有利。具体操作如下:天平零点调好以后,戴上手套或用纸条套住已装入试样的称量瓶,轻轻放在天平的秤盘上。准确称量其质量 m_1,记录数据(读数应准确至 0.000 1 g),并将称量瓶从天平中取出,在接收器口上方取下瓶盖,保持称量瓶口稍稍向上,用瓶盖轻轻弹击称量瓶口侧上方,倾出约一定量试样于接收器中,再用瓶盖轻轻弹击称量瓶,同时使瓶体立正(注意:切勿让试样撒出接收器外),盖好称量瓶盖,重新称量,反复操作至需要的倾出量时为止,准确称量其质量 m_2,记录数据。则倾出试样的质量 $m=(m_1-m_2)$。

视频 2-5 减量称量法——固体

视频 2-6 减量称量法——液体

2.2.5 技能训练

(1)在规定时间内完成在分析天平上用直接称量法准确称量表面皿的质量,用固定质量称量法称取 0.5 g 碳酸钙,用减量称量法称取 0.5 g 氧化锌、0.5 g 硫酸镍样品,且称量范围控制在±10%内。

(2)正确记录实验数据。

(3)遵守安全规程,做到文明操作。

2.2.6 数据记录

表面皿的质量记录到表 2-2。

表 2-2 表面皿的质量

编号	1	2	3
质量 m/g			

碳酸钙的质量记录到表 2-3。

表 2-3 碳酸钙的质量

编号	1	2	3
质量 m/g			

氧化锌的质量记录到表 2-4。

表 2-4 氧化锌的质量

项目	1	2	3
倾样前称量瓶+试样质量 m_1/g			
倾样后称量瓶+试样质量 m_2/g			
试样质量 m/g			

硫酸镍的质量记录到表 2-5。

表 2-5 硫酸镍的质量

项目	1	2	3
倾样前称量瓶+试样质量 m_1/g			
倾样后称量瓶+试样质量 m_2/g			
试样质量 m/g			

2.2.7 考核标准

分析天平称量考核要求及评分标准见表 2-6。

表 2-6 分析天平称量考核要求及评分标准

序号	考核内容	考核要点	配分	评分标准	扣分	得分
1	实验准备	1. 实验预习； 2. 仪器的准备	10	有一项不符合标准扣 5 分，扣完为止		
2	样品称量	1. 称量瓶的取放； 2. 天平门的开关； 3. 倾样方法及次数(≤4)； 4. 称量时间(≤15 min)； 5. 称量范围(±10%)； 6. 天平复原； 7. 复查天平零点	50	有一项不符合标准扣 5 分，扣完为止		
3	数据记录	1. 数据记录及时，不得涂改； 2. 报告完整、规范、整洁	25	有一项不符合标准扣 10 分，扣完为止		
4	安全文明操作	1. 实验台面整洁情况； 2. 物品摆放； 3. 安全操作情况	15	有一项不符合标准扣 5 分，扣完为止		
5	总分					

2.2.8 思考题

(1)在什么情况下选用固定质量称量法？在什么情况下选用减量称量法？用两种方法称量样品时，如果未调节天平零点，对称量结果是否有影响？为什么？

(2)用减量称量法称取样品时，试样从称量瓶转移到烧杯中时，试样撒出。如用其作为基准物质来标定标准溶液的浓度，将对分析结果造成什么影响？

项目 3
滴定分析仪器的操作与校准

项目目标

1. 学会滴定分析仪器的洗涤方法。
2. 熟悉滴定管、容量瓶、移液管等滴定分析仪器的正确操作方法。
3. 能够对滴定管、容量瓶、移液管进行校准。

项目任务

根据实验需求对常用玻璃仪器进行洗涤、试漏、装溶液等操作;对容量瓶、滴定管进行校准。

实训任务 3.1　滴定管的洗涤与操作

3.1.1　实训目标

(1)掌握滴定管的洗涤方法。
(2)熟悉滴定管的基本操作方法。

3.1.2　实训仪器及试剂

(1)实训仪器：酸式滴定管、碱式滴定管、铁架台等。
(2)实训试剂：铬酸洗液、盐酸溶液等。

3.1.3　实训内容

根据玻璃仪器洗净和使用的标准，认识不同类型的滴定管，并能正确使用。

3.1.4　实训指导

1. 认识滴定管

滴定管是滴定时用来准确测量所流出标准溶液体积的量器，是滴定分析最基本的仪器之一。常用的滴定管有 50 mL 和 25 mL，最小刻度为 0.1 mL，读数可估读到 0.01 mL，一般读数误差为±0.02 mL。

滴定管一般分为两种：一种是酸式滴定管，另一种是碱式滴定管，如图 3-1 所示。

(1)酸式滴定管。用于盛放酸性溶液及氧化性溶液，不宜盛放碱性溶液，因磨口玻璃活塞会被碱性溶液腐蚀，放置久了，活塞就打不开。

(2)碱式滴定管。用于盛放碱性溶液及无氧化性溶液，而不能盛放与橡胶起反应的溶液，如 $K_2Cr_2O_7$。由于下端连接一橡皮管，内放一玻璃珠，以控制溶液的流出。

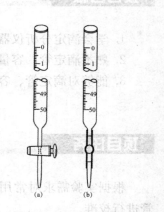

图 3-1　酸碱滴定管
(a)酸式滴定管；(b)碱式滴定管

2. 滴定管的操作

首先要对滴定管做初步检查，酸式滴定管要检查活塞是否转动灵活，是否漏水。碱式滴定管要检查其乳胶管径与玻璃球大小是否合适，乳胶管是否有孔洞、硬化等现象，若胶管已老化，玻璃珠过大(不易操作)或过小和不圆滑(漏水)，应予更换。

(1)洗涤。使用滴定管前，先用自来水冲洗，再用少量蒸馏水荡洗 2~3 次，洗净后，管壁上不应附着有水珠；最后用少量待装溶液洗涤 3 次，防止加入的待装溶液被蒸馏水稀释。操作时，两手平端滴定管，慢慢转动，使标准溶液流遍全管，然后使溶液从滴定管下端放出，以除去管内残留水分。

(2)涂凡士林。酸式滴定管，为了使旋塞灵活而又不漏水，必须给旋塞涂一层凡士林。涂凡士林时，将活塞取出，用滤纸擦干活塞及活塞套，在活塞粗端和活塞套细端分别涂一薄层凡士林，也可在玻璃活塞孔的两端涂上一薄层凡士林，小心不要涂在孔边以防堵塞孔眼，然后将活塞放入活塞套，沿一个方向旋转，直至透明为止。最后应在活塞末端套一个橡皮圈以防使用时将活塞顶出。若活塞孔或玻璃尖嘴被凡士林堵塞时，可将滴定管充满水后，将活塞打开，用洗耳球在滴定管上部挤压、鼓气，一般可将凡士林排出。若还不能把凡士林排除，可将滴定管尖端插入热水中温热片刻，然后打开旋塞，此时管内的水突然流下，将软化的凡士林冲出，再重新涂油、试漏。滴定管涂凡士林要适当，操作时注意保护酸式滴定管的旋塞。

(3)装入滴定剂。将滴定剂加入滴定管中至刻度"0.00"以上，开启旋塞或挤压玻璃球，将滴定管下端的气泡逐出，然后把管内液面的位置调节到"0.00"刻度。管内若有气泡也应将其排出。排气时，对于酸式滴定管，可使溶液急速下流驱去气泡；对于碱式滴定管，可将橡皮管向上弯曲，并在稍高于玻璃珠所在处用两手指挤压，使溶液从尖嘴口喷出，气泡即被溶液挤出。

(4)滴定管的操作。滴定开始前，先把悬挂在滴定管尖端的液滴除去。使用滴定管时用左手控制活塞，注意手心不要顶住活塞，以免将活塞顶出，造成漏液，右手持锥形瓶，边滴边摇，使溶液均匀混合，反应进行完全。临近滴定终点时，滴定速度应十分缓慢，应一滴一滴地加入，防止过量，并且用洗瓶挤入少量蒸馏水洗锥形瓶内壁，以免有残留的液滴未起反应的溶液，然后加半滴，直至终点为止。半滴的滴法是将滴定管活塞稍稍转动，使半滴溶液悬于滴定管口，将锥形瓶内壁与管口接触，使溶液靠入锥形瓶中并用蒸馏水冲下，滴定操作，必须待滴定管内液面完全稳定后，方可读数。

使用碱式滴定管时，左手拇指在前，食指在后，捏住乳胶管中的玻璃珠所在部位稍上处，向外侧捏挤乳胶管，使乳胶管和玻璃珠之间形成一条缝隙，溶液即可流出，但注意不能捏挤玻璃珠下方的乳胶管，否则会使空气进入形成气泡。

无论用哪种滴定管，都必须掌握三种加液方法：逐滴加入、加一滴、加半滴。

(5)滴定管读数。滴定管读数不准确是滴定分析误差的主要来源之一，应掌握正确的读数方法。滴定管读数应遵守下列原则：读数时，滴定管应保持垂直。眼睛视线与溶液弯月面下缘最低点应在同一水平面上，读出与弯月面相切的刻度，若视线高于液面，则读数偏低；若视线低于液面，则读数偏高。

对于无色或浅色溶液，应读取弯月面的下缘的最低点，若溶液颜色太深而不能观察到弯月面时，可读两侧最高点，也可用白色卡片作为背景。

读数必须读到小数点后两位，即要求估计到 0.01 mL。滴定管上相邻两个刻度之间为 0.1 mL。

视频 3-1　酸式滴定管的操作　　　　　　　视频 3-2　碱式滴定管的操作

3.1.5　技能训练

（1）在规定时间内熟练完成滴定管的洗涤、试漏、装溶液、滴定等操作。
（2）操作方法规范，基本符合标准。
（3）遵守安全规程，做到文明操作。

3.1.6　考核标准

滴定管的操作考核要求及评分标准见表 3-1。

表 3-1　滴定管的操作考核要求及评分标准

序号	考核内容	考核要点	配分	评分标准	扣分	得分
1	实验准备	1. 实验预习； 2. 玻璃仪器的认领	20	有一项不符合标准扣 10 分，扣完为止		
2	滴定管	1. 滴定管洗涤； 2. 滴定管润洗； 3. 赶气泡； 4. 调零； 5. 滴定时的正确姿势； 6. 滴定速度的控制； 7. 半滴溶液控制技术； 8. 终点的判断和控制； 9. 滴定管读数	60	有一项不符合标准扣 6 分，扣完为止		
3	安全文明操作	1. 实验台面整洁情况； 2. 物品摆放； 3. 玻璃仪器清洗放置情况； 4. 安全操作情况	20	有一项不符合标准扣 5 分，扣完为止		
4	总分					

3.1.7 思考题

(1)玻璃仪器洗净的标志是什么？铬酸洗液是如何配制的？使用铬酸洗液时应注意什么？

(2)滴定管中存在气泡对分析有何影响？怎样赶除气泡？

(3)在滴定分析实验中，滴定管需用滴定剂润洗几次？锥形瓶是否也要用滴定剂润洗？

实训任务 3.2　移液管的洗涤与操作

3.2.1　实训目标
(1)掌握移液管的洗涤方法。
(2)掌握移液管的基本操作方法。

3.2.2　实训仪器及试剂
(1)实训仪器：各种规格的移液管、洗耳球等。
(2)实训试剂：Na_2CO_3 固体、95%乙醇、铬酸洗液等。

3.2.3　实训内容
根据玻璃仪器洗净和使用的标准，认识各种规格移液管，并正确使用移液管。

3.2.4　实训指导
移液管是用于准确移取一定体积溶液的量出式玻璃器皿。

移液管通常有两种形状：一种移液管中间有膨大部分，称为胖肚移液管，管颈上部刻有一标线，用来控制所吸取溶液的体积。常用的胖肚移液管有 5 mL、10 mL、20 mL、25 mL、50 mL 等规格，如图 3-2 所示。由于其读数部分管径小，故准确性高。另一种是直形的，管上有分刻度，称为吸量管，如图 3-3 所示。

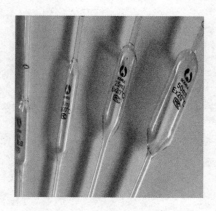

图 3-2　胖肚移液管

图 3-3　吸量管

1. 胖肚移液管的操作

(1)移液管洗涤。移液管在使用前应洗净。通常先用自来水，再用铬酸洗液，最后依次用自来水、蒸馏水洗涤干净。

(2)移液管润洗。使用时,应先用滤纸将尖端内外的水吸净,否则会因水滴引入改变溶液的浓度。然后,用少量所要移取的溶液,将移液管润洗 2~3 次,以保证移取的溶液浓度不变。润洗的方法是用洗净并烘干的小烧杯倒出一部分欲移取的溶液,用移液管吸取 5~10 mL,立即用右手食指按住管口(尽量不要使溶液回流,以免稀释),将管横过来,用两手的拇指及食指分别拿住移液管两端,转动移液管使溶液布满全管内壁,当溶液流至距上口 2~3 cm 时,将管直立,使溶液由尖嘴放出,并弃去。

视频 3-3 移液管的操作

(3)移取与吸取溶液。移取溶液时,一般用右手的大拇指和中指拿住颈标线上方的玻璃管,将下端插入溶液中 1~2 cm,插入太深会使管外黏附溶液过多,影响量取的溶液体积的准确性;太浅往往会产生空吸。吸取溶液时,左手拿洗耳球,先把球内空气压出,然后把洗耳球的尖端接在移液管口,慢慢松开洗耳球使溶液吸入管内。当溶液吸至标线以上时,移去洗耳球,立即用右手的食指按住管口,将移液管离开液面,并将原插入溶液的部分沿容器内壁轻转两圈(或用滤纸擦干移液管下端)以除去管壁上黏附的溶液,然后稍松食指,使管内液体的弯月面慢慢下降到标线处,立刻用食指压紧管口。取出移液管,将移液管移入另一容器(如锥形瓶),并使管尖与容器壁接触,松开食指让液体自由流出。流完后再等 15 s 左右。残留于管尖内的液体不必吹出,因为在校正移液管时,未把这部分液体的体积计算在内。

2. 吸量管的操作

吸量管操作方法与胖肚移液管相同,但应注意,凡吸量管上刻有"吹"字的,使用时必须将管尖内的溶液吹出,不允许保留。

3. 使用注意事项

(1)移液管使用后,应洗净放在移液管架上。

(2)移液管不能放在烘箱中烘烤,以免引起容积变化而影响测量的准确度。

(3)用待吸溶液润洗移液管时,插入溶液之前要将移液管内外的水尽量沥干。

(4)移液管吸取溶液后,应用滤纸擦干外壁;调节液面至刻度线后,不可再用滤纸擦外壁和管尖,以免管尖出现气泡。

(5)移液管放出溶液时注意在接收器中的位置,溶液流完后应停留 15 s,同时微微左右旋转。

3.2.5 技能训练

(1)在规定时间内熟练完成移液管的洗涤、润洗、吸溶液、放溶液等操作。

(2)能一次完成操作,并不吸空、不重吸,移液、放液时,将容器倾斜 30°,沿器壁垂直放液并停留 15 s。

(3)遵守安全规程,做到文明操作。

3.2.6 考核标准

移液管的操作考核要求及评分标准见表 3-2。

表 3-2　移液管的操作考核要求及评分标准

序号	考核内容	考核要点	配分	评分标准	扣分	得分
1	实验准备	1. 实验预习； 2. 玻璃仪器的认领	20	有一项不符合标准扣 10 分，扣完为止		
2	移液管	1. 移液管润洗； 2. 手持移液管方法正确； 3. 吸取溶液方法正确、熟练； 4. 移取溶液体积准确； 5. 放出溶液方法正确； 6. 液面降至尖嘴后停留 15 s	60	有一项不符合标准扣 10 分，扣完为止		
3	安全文明操作	1. 实验台面整洁情况； 2. 物品摆放； 3. 玻璃仪器清洗放置情况； 4. 安全操作情况	20	有一项不符合标准扣 5 分，扣完为止		
4	总分					

3.2.7 思考题

(1)移液管在使用前为什么要用待移取的溶液润洗 3 次？锥形瓶是否也需要润洗？
(2)移液管能否烘干、加热？

实训任务 3.3　容量瓶的洗涤与操作

3.3.1　实训目标
(1)掌握容量瓶的洗涤方法。
(2)掌握容量瓶的基本操作方法。

3.3.2　实训仪器及试剂
(1)实训仪器：各种规格的容量瓶。
(2)实训试剂：Na_2CO_3 固体、95%乙醇、铬酸洗液等。

3.3.3　实训内容
根据玻璃仪器洗净和使用的标准，认识各种规格的容量瓶，并能正确使用。

3.3.4　实训指导
容量瓶主要是用来配制准确浓度的溶液或定量的稀释溶液。容量瓶是细颈梨形平底玻璃瓶，由无色或棕色玻璃制成，带有磨口玻璃塞，颈上有一标线，瓶上标有它的体积和标定时的温度。常用的容量瓶有 50 mL、250 mL、500 mL、1 000 mL 等多种规格。容量瓶常与移液管配合使用。容量瓶磨口塞需原配，不可在烘干箱中烘干，如图 3-4 所示。

图 3-4　容量瓶

1. 容量瓶使用前的检查

容量瓶使用前要检查瓶口是否漏水。检查方法：加入自来水至标线的附近，盖好瓶塞，瓶外水珠用布擦拭干净。左手按住瓶塞，右手拿住瓶底，颠倒 10 次左右(每次要停留在倒置状态10 s),观察瓶塞周围是否有水渗出。如果不渗水,将瓶直立,把瓶塞转动约180°后,再检查一次,合格后用橡皮筋将瓶塞系在瓶颈上,以防摔碎或与其他瓶塞弄混。

2. 容量瓶的洗涤

先用铬酸洗液清洗内壁,然后用自来水和蒸馏水洗净。

3. 容量瓶的操作方法

用固体物质(基准物质或被测样品)配制溶液时,首先,将固体物质在烧杯中溶解后,再将溶液转移至容量瓶。转移时,要使玻璃棒的下端靠近瓶颈内壁,使溶液沿玻璃棒缓缓流入瓶中,待溶液全部流完后将烧杯沿玻璃棒上移,同时直立,使附着在玻璃棒与烧杯嘴之间的溶液流回烧杯。然后,用蒸馏水洗涤烧杯及玻璃棒2~3次,洗涤液一并转入容量瓶。用蒸馏水稀释至容积3/4处,摇动容量瓶(不要盖瓶盖,不能颠倒,水平转动摇匀),使溶液混合均匀,继续加蒸馏水至刻度线1~2 cm时,等待1~2 min时,再用滴管慢慢滴加,直至溶液的弯月面最低点与标线上缘相切为止,塞紧瓶塞,用左手食指按住瓶塞,将容量瓶倒转15~20次直到溶液混匀为止。

视频3-4 容量瓶的操作

浓溶液的定量稀释是用移液管吸取一定体积的浓溶液移入容量瓶,按上述方法稀释至标线,摇匀。

4. 使用注意事项

(1)需避光的溶液应使用棕色容量瓶配制,热溶液冷却至室温后,才能转入容量瓶,否则会造成体积误差。

(2)容量瓶不能长期存放溶液,不可将容量瓶当作试剂瓶使用,尤其是碱性溶液会侵蚀瓶塞,使之无法打开,也不能用火直接加热及烘烤。使用完毕后应立即洗净。如长时间不用,磨口处应洗净擦干,并用纸片将磨口隔开。

(3)向容量瓶中定量转移溶液时注意玻璃棒下端和烧杯的位置。

(4)容量瓶稀释至3/4左右时应水平摇动,不要塞瓶塞。稀释至近标线下约1 cm处时应放置1~2 min。

3.3.5 技能训练

(1)在规定时间内熟练完成容量瓶的洗涤、溶液的转移、定容、摇匀等操作,并且定容操作方法、结果准确。

(2)遵守安全规程,做到文明操作。

3.3.6 考核标准

容量瓶的操作考核要求及评分标准见表3-3。

表 3-3 容量瓶的操作考核要求及评分标准

序号	考核内容	考核要点	配分	评分标准	扣分	得分
1	实验准备	1. 实验预习； 2. 玻璃仪器的认领	20	有一项不符合标准扣 10 分，扣完为止		
2	容量瓶使用	1. 溶液转移方法； 2. 稀释至 2/3 容积时平摇； 3. 定容操作； 4. 摇匀操作	60	有一项不符合标准扣 10 分，扣完为止		
3	安全文明操作	1. 实验台面整洁情况； 2. 物品摆放； 3. 玻璃仪器清洗放置情况； 4. 安全操作情况	20	有一项不符合标准扣 5 分，扣完为止		
4	总分					

3.3.7 思考题

(1) 对于移液管、滴定管和容量瓶这三种滴定分析仪器，哪些要用溶液润洗 3 次？为什么？

(2) 容量瓶能否烘干、加热？

实训任务 3.4　滴定分析仪器的校准

3.4.1　实训目标

(1)学会用绝对校准法和相对校准法对滴定分析仪器进行校准。
(2)了解滴定分析仪器校准的意义,能熟练计算校准后溶液的体积。

3.4.2　实训仪器及试剂

(1)实训仪器:分析天平、温度计、具塞锥形瓶、各种规格的滴定管、容量瓶、移液管。
(2)实训试剂:95%乙醇、铬酸洗液、坐标纸等。

3.4.3　实训内容

(1)根据滴定管、移液管校准的标准,正确地进行滴定管、容量瓶、移液管校准。
(2)计算校准后溶液的体积,并绘制出滴定管的校准曲线。
(3)遵守安全规程,做到文明操作。

3.4.4　实训指导

1. 实训原理

滴定管、移液管和容量瓶,是分析化学实验中常用的玻璃量器,都具有刻度和标称容量(在标准温度20 ℃时的标称容量)。但由于制造工艺的限制、温度的变化、试剂的腐蚀等原因,它们的实际容积与所标示的容积常常存在差值,此差值必须符合一定的标准(容量允差)。若这种误差小于滴定分析允许误差,则不必进行校准,但在要求较高的分析工作中必须进行校准。因此,学习并掌握容量仪器的校准方法是十分必要的。国家规定的容量仪器的容量允差见表3-4。

表3-4　容量仪器的容量允差

滴定管			移液管			容量瓶		
容积/mL	容量允差(±)/mL		容积/mL	容量允差(±)/mL		容积/mL	容量允差(±)/mL	
	A	B		A	B		A	B
5	0.010	0.020	2	0.010	0.020	25	0.03	0.06
10	0.025	0.050	5	0.015	0.030	50	0.05	0.10
25	0.05	0.10	10	0.020	0.040	100	0.10	0.20

续表

滴定管			移液管			容量瓶		
容积/mL	容量允差(±)/mL		容积/mL	容量允差(±)/mL		容积/mL	容量允差(±)/mL	
	A	B		A	B		A	B
50	0.05	0.10	25	0.030	0.060	250	0.15	0.30
100	0.10	0.20	50	0.050	0.100	500	0.25	0.50
			100	0.080	0.160	1 000	0.40	0.80

其校准方法是称量被校准的量器中量入或量出纯水的质量，再根据当时水温下的表观密度计算出该量器在20℃时的实际容积。同时，应考虑空气浮力和空气成分在水中的溶解，纯水在真空中和在空气中的密度稍有差别。

(1)绝对校准法(称量法)。用被校准的量器量入或量出一定体积的纯水，用分析天平称量其质量为 m (盛纯水的容器事先应晾干并称量)，再根据该温度下水的密度，计算出该玻璃器皿在20℃时的容量。

其计算公式为

$$V_t = m_t / \rho_t$$

式中 V_t——t ℃时水的体积(mL)；

m_t——t ℃时在空气中称得水的质量(g)；

ρ_t——t ℃时在空气中水的密度(g/mL)。

1)校准时应考虑的影响。由于称量是在空气中进行的，所以将称出的纯水的质量换算成体积时，必须考虑下列3种因素的影响：空气浮力使质量改变；水的密度随温度而改变；玻璃容器本身的容积随温度而改变。经校准，得出20℃容量为1 L的玻璃容器，在不同温度时所盛水的质量(查表)，据此计算量器的校正值。在一定温度下，上述3种因素的校准值是一定的，所以可将其合并为一个总的校准值。此值表示在20℃时玻璃容器中，1 mL纯水在不同温度下，于空气中用黄铜砝码称得的质量，列于表3-5。

表3-5 不同温度下1 mL纯水在空气中的质量(用黄铜砝码称量)

温度/℃	质量/g	温度/℃	质量/g	温度/℃	质量/g
10	998.39	17	997.65	24	996.38
11	998.32	18	997.51	25	996.17
12	998.23	19	997.34	26	995.93
13	998.14	20	997.18	27	995.69
14	998.04	21	997.00	28	995.44
15	997.93	22	996.80	29	995.18
16	997.80	23	996.60	30	994.91

利用此值可将不同温度下水的质量换算成 20 ℃时的体积，换算公式为

$$V_{20} = m_t / \rho_t$$

式中　m_t——t℃时在空气中用砝码称得玻璃仪器中放出或装入的纯水的质量(g)；

　　　ρ_t——1 mL 纯水在 t℃时用黄铜砝码称得的质量(g)；

　　　V_{20}——将 m_tg 纯水换算成 20 ℃时的体积(mL)。

2)校准时注意事项。校准时务必正确、仔细，尽量减小校准误差；校准次数≥2次，取其平均值作为校准值；要求两次校准数据的偏差不超过该量器允许的范围。

(2)相对校准法。只要求两种容器之间有一定的比例关系，而无须知道它们的各自准确体积时，用相对校准法，如配套使用的移液管和容量瓶。

相对校准法是相对比较两容器所盛液体体积的比例关系。在定量分析中，许多实验需要用容量瓶配制溶液，再用移液管移取一定比例的试样供测试用。为了保证移出的试样比例准确，就必须进行容量瓶与移液管的相对校准。因此，当两种容量仪器平行使用时，则它们之间的容积比例是否正确，比校准它们的绝对容积更为重要。如用 25 mL 移液管从 250 mL 容量瓶中移出溶液的体积是否是容量瓶体积的 1/10，一般只需要做容量瓶与移液管的相对校准就可以了。

2. 实训步骤

(1)实训准备。室温控制在(20±5)℃，而且温度变化不超过 1 ℃/h；量入式量器校准前要进行干燥。可用热气流烘干或用乙醇洗涤后晾干，干燥后再放到天平室平衡。校准前量器和纯水应在该室温下达到平衡。

(2)移液管的校准。取一个 50 mL 的具塞锥形瓶，在分析天平上称量至毫克位。用已洗净的 25 mL 移液管吸取纯水至标线以上几毫米，用滤纸片擦干管下端外壁，调节液面使其最低点与标线上边缘相切，然后将移液管插入锥形瓶，使其水沿内壁流下，再停留 15 s，在放水和等待的过程中，移液管始终保持垂直，流液口一直接触瓶内壁，但不可接触瓶内的水，锥形瓶要保持倾斜，放完水后要立即盖上瓶塞，称量到毫克位，两次称量之差即放出纯水的质量 m_1，根据水的质量计算在实训室温度下移液管的实际体积。重复操作一次，两次放出纯水质量之差应小于 0.01 g，否则应重新校准。

将温度计插入水中 5~10 min，读出温度，从表中查出该温度下的密度 ρ，并利用下式进行计算，即

$$V = m / \rho$$

(3)移液管、容量瓶的相对校准。将 250 mL 容量瓶洗净，晾干、用洗净的 25 mL 移液管移取蒸馏水于干净且晾干的 250 mL 容量瓶中，到第 10 次重复操作后，观察瓶颈处水的弯月面下缘是否仍然刚好与刻线上缘相切。若不相切，应重新做一记号为标线。在以后的实验中，此溶液容量瓶与该移液管要相配使用，并以此新记号作为容量瓶的标线。

(4)滴定管的校准。

1)取已洗净且干燥的 50 mL 磨口锥形瓶，在分析天平上称其质量，准确至小数点后两位数字。

2)将 50 mL 滴定管洗净,装入已测温度的水。

3)将滴定管的液面调节至 0.00 刻度处。按滴定时常用速度(每秒 3 滴)将水放入已称重的锥形瓶,使其体积至 10 mL 左右时盖紧瓶塞,用分析天平称其质量准确至 0.00 g。用上述方法继续校准,直至放出 50 mL 水。

4)两次质量之差即滴定管放出水的质量。测定水温后从表 3-5 中查出该温度下水的质量,并计算该体积下滴定管的实际容积。

视频 3-5
容量瓶与移液管的相对校准

5)重复测定一次,两次测定所得同一刻度的体积相差不应大于 0.01 mL(至少检定两次),算出各个体积处的校准值(两次平均),以滴定管读数为横坐标,校准值为纵坐标,用直线连接各点,绘出校准曲线。一般 50 mL 滴定管每隔 10 mL 测得一个校准值,25 mL 滴定管每隔 5 mL 测得一个校准值,3 mL 微量滴定管每隔 0.5 mL 测得一个校准值。

(5)容量瓶的校准。将洗涤合格并倒置沥干的容量瓶放在天平上称量。取蒸馏水充入已称重的容量瓶中至刻度(注意容量瓶的瓶颈壁不得沾水),称量并测水温(准确至 0.5 ℃)。根据该温度下的质量,计算真实体积。

在分析工作中,滴定管一般采用绝对校准法,对于配套使用的移液管和容量瓶,可采用相对校准法;用作取样的移液管,则必须采用绝对校准法。绝对校准法准确,但操作比较麻烦;相对校准法操作简单,但必须配套使用。

3.4.5 技能训练

(1)在规定时间内完成 1 套容量瓶与移液管的相对校准。
(2)在规定时间内完成 1 个 50 mL 滴定管的绝对校准,并画出校准曲线。
(3)遵守安全规程,做到文明操作。

3.4.6 数据记录

滴定管(50 mL)校准数据记录见表 3-6。

表 3-6 滴定管(50 mL)校准数据记录

水的温度= ℃							水的密度= g/mL		
滴定管读数/mL	称量记录/g				水的质量/g			实际容积/mL	校准值/mL	总校准值
	瓶	瓶+水	瓶	瓶+水	1	2	平均值			
0.00~10.00										
10.00~20.00										
20.00~30.00										
30.00~40.00										
40.00~50.00										

移液管校准数据记录见表 3-7。

表 3-7 移液管校准数据记录

水的温度＝ ℃		水的密度＝ g/mL		
次数	锥形瓶质量/g	锥形瓶＋水的质量/g	水的质量/g	实际容积/mL
1				
2				

容量瓶校准数据记录见表 3-8。

表 3-8 容量瓶校准数据记录

水的温度＝ ℃		水的密度＝ g/mL		
次数	容量瓶质量/g	容量瓶＋水的质量/g	水的质量/g	实际容积/mL
1				
2				

3.4.7 考核标准

滴定分析仪器校准考核要求及评分标准见表 3-9。

表 3-9 滴定分析仪器校准考核要求及评分标准

序号	考核内容	考核要点	配分	评分标准	扣分	得分
1	实验准备	1. 实验预习； 2. 玻璃仪器的认领	20	有一项不符合标准扣10分，扣完为止		
2	容量瓶的校准	校准方法是否正确，曲线是否正确画出，两次校正之差是否超过 0.02 mL	20	有一项不符合标准扣10分，扣完为止		
3	移液管的校准	校准方法是否正确，曲线是否正确画出，两次校正之差是否超过 0.02 mL	20	有一项不符合标准扣10分，扣完为止		
4	滴定管的校准	校准方法是否正确，曲线是否正确画出，两次校正之差是否超过 0.02 mL	20	有一项不符合标准扣10分，扣完为止		
5	安全文明操作	1. 实验台面整洁情况； 2. 物品摆放； 3. 玻璃仪器清洗放置情况； 4. 安全操作情况	20	有一项不符合标准扣5分，扣完为止		
6	总分					

3.4.8 思考题

(1)为什么玻璃仪器都按 20 ℃体积刻度？

(2)从滴定管放出蒸馏水到具塞锥形瓶内时，应注意哪些问题？

(3)用分析天平称量具塞锥形瓶和水的质量时，为什么准确到 0.001 g 即可？

实训任务3.5 称量分析仪器洗涤与操作

3.5.1 实训目标

(1)学会称量分析法常用仪器的操作方法。
(2)熟悉称量分析法的简单过程。

3.5.2 实训仪器及试剂

(1)实训仪器:电子天平、烧杯、表面皿、漏斗、定量滤纸、瓷坩埚等。
(2)实训试剂:氯化钡、硝酸银、盐酸、硫酸钠等。

3.5.3 实训内容

(1)根据称量分析法的要求,学习常用仪器的操作方法及分析测定过程。
(2)遵守安全规程,做到文明操作。

3.5.4 实训指导

1. 实训原理

称量分析法包括挥发法、萃取法、沉淀法,其中以沉淀法的应用最为广泛。沉淀法的基本操作包括沉淀的进行,沉淀的过滤和洗涤,烘干或灼烧,称重等。为使沉淀完全、纯净,应根据沉淀的类型选择适宜的操作条件,对于每步操作都要细心地进行,以得到准确的分析结果。本任务主要介绍沉淀的过滤、洗涤和转移等基本操作。

2. 实训步骤

(1)沉淀的过滤。根据沉淀在灼烧中是否会被纸灰还原及称量形式的性质,选择滤纸或玻璃滤器过滤。

1)滤纸的选择。定量滤纸又称无灰滤纸(每张灰分在 0.1 mg 以下或准确已知)。由沉淀量和沉淀的性质决定选用大小和致密程度不同的快速、中速和慢速滤纸。晶形沉淀多用致密滤纸过滤,蓬松的无定形沉淀要用较大的疏松的滤纸。由滤纸的大小选择合适的漏斗,放入的滤纸应比漏斗沿低 0.5~1 cm。

2)滤纸的折叠和安放。如图 3-5 所示,先将滤纸沿直径对折成半圆,再根据漏斗的角度的大小折叠(可以大于 90°)。折好的滤纸,一个半边为三层,另一个半边为单层,为使滤纸三层部分紧贴漏斗内壁,可将滤纸的上角撕下,并留做擦拭沉淀用。将折叠好的滤纸放在洁净的漏斗中,用手指按住滤纸,加蒸馏水至满,必要时用手指小心轻压滤纸,将留在滤纸与漏斗壁之间的气泡赶走,使滤纸紧贴漏斗并使水充满漏斗颈形成水柱,以加快过滤速度。

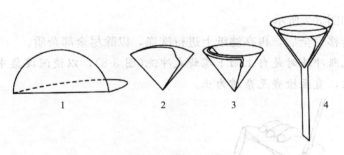

图 3-5 滤纸的折叠和安放

3) 沉淀的过滤。一般多采用倾泻法过滤。操作如图 3-6 所示,将漏斗置于漏斗之上,接收滤液的洁净烧杯放在漏斗下面,使漏斗颈下端在烧杯边沿以下 3~4 cm 处,并与烧杯内壁靠紧。先将沉淀倾斜静置,然后将上层清液小心倾入漏斗滤纸,使清液先通过滤纸,而沉淀尽可能地留在烧杯中,尽量不搅动沉淀,操作时一手拿住玻璃棒,使与滤纸近于垂直,玻璃棒位于三层滤纸上方,但不和滤纸接触。另一只手拿住盛沉淀的烧杯,将烧杯嘴靠住玻璃棒,慢慢将烧杯倾斜,使上层清液沿着玻璃棒流入滤纸,随着滤液的流注,漏斗中液体的体积增加,至滤纸高度的 2/3 处,停止倾注(切勿注满)。停止倾注时,可沿玻璃棒将烧杯嘴往上提一小段,扶正烧杯;在扶正烧杯以前不可将烧杯嘴离开玻璃棒,并注意不让沾在玻璃棒上的液滴或沉淀损失,将玻璃棒放回烧杯内,但勿把玻璃棒靠在烧杯嘴部。

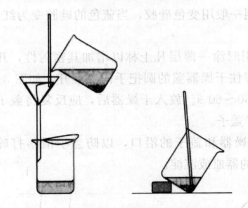

图 3-6 倾泻法过滤操作和倾斜静置

视频 3-6 沉淀的过滤和洗涤

(2)沉淀的洗涤和转移。

1)洗涤沉淀。一般也采用倾泻法,为提高洗涤效率,按"少量多次"的原则进行,即加入少量洗涤液,充分搅拌后静置,待沉淀下沉后,倾泻上层清液,再重复操作数次后,将沉淀转移到滤纸上。

2)转移沉淀。在烧杯中加入少量洗涤液,将沉淀充分搅起,立即将悬浊液一次转移到滤纸中。然后用洗瓶吹洗烧杯内壁、玻璃棒,再重复以上操作数次;此时,在烧杯内壁和玻璃棒上可能仍残留少量沉淀,可用撕下的滤纸角擦拭,放入漏斗,然后进行最后冲洗，如图 3-7 所示。

沉淀全部转移完全后，再在滤纸上进行洗涤，以除尽全部杂质。

注意：用洗瓶冲洗时是自上而下螺旋式冲洗（图 3-8），以使沉淀集中在滤纸锥体最下部，重复多次，直至检查无杂质为止。

图 3-7　沉淀转移操作　　　　　图 3-8　在滤纸上洗涤沉淀

(3) 沉淀的烘干和灼烧。

1) 干燥器的准备和使用。干燥器是用来对物品进行干燥和保存干燥物品的玻璃器皿，如图 3-9 所示。准备干燥器时，先用干布将瓷板和内壁擦干净，一般不能用水洗。再将干燥剂装到下室的一半即可，干燥剂一般用变色硅胶，当蓝色的硅胶变为红色（钴盐的水合物）时，应将硅胶重新烘干。

干燥器的口和盖沿均为磨砂平面，用时涂一薄层凡士林以增加其密封性，开启或关闭时用左手向右抵住干燥器身，右手握住干燥器盖的圆把手向左推开，如图 3-10 所示。灼烧的物体放入干燥器前，应冷却 30～60 s。放入干燥器后，应反复将盖子推开一道缝，直到不再有热空气排出时再盖严盖子。

移动干燥器时，必须用双手拿着干燥器和盖子的沿口，以防盖子滑落打碎，如图 3-11 所示，干燥器不能用来保存潮湿的器皿或沉淀。

 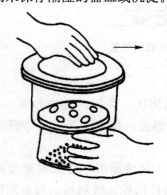 

图 3-9　干燥器　　　　图 3-10　干燥器盖的开启和关闭　　　　图 3-11　干燥器的移动

2)坩埚的准备。坩埚是用来进行高温灼烧的器皿,坩埚钳是用来夹取热坩埚和坩埚盖的,如图3-12所示。

图3-12 坩埚和坩埚钳

首先,将洗净并干燥的空坩埚放入马弗炉进行第一次灼烧,一般在800 ℃~900 ℃灼烧半小时。等红热状态消失后,再将其放入干燥器内冷却至室温,取出称量。按同样方法再灼烧、冷却、称量。第二次灼烧15~20 min。如果两次称量结果之差小于0.2 mg,即可认为空坩埚已达到恒重。否则,还要继续灼烧直至恒重。

3)包裹沉淀的方法。包裹沉淀时,先用干净的玻璃棒将滤纸的三层部分挑起再用洗净的手将带有沉淀的滤纸小心取出,按图3-13所列的顺序折卷带有沉淀的滤纸,将层数较多的一端或滤纸包的尖端向下,放入已恒重的空坩埚。

如果沉淀体积较大,如胶状沉淀不适合用上述方法折卷滤纸。可在漏斗中,用玻璃棒将滤纸挑起,向中间折叠,将沉淀全部盖住,再用玻璃棒将滤纸锥体转移到坩埚中,尖头朝上。

4)沉淀的烘干、灼烧和恒重。

①烘干,一般是在250 ℃以下进行的。凡是用微孔玻璃器过滤的沉淀均可用烘干的方法处理。一般用电热烘箱或红外灯,目的是除去沉淀中的水分和所沾的洗涤液。

②灼烧,是指于800 ℃~900 ℃高温下进行的处理,它适应于用滤纸过滤。灼烧是在预先已烧至恒重的瓷坩埚中进行的。目的是烧去滤纸,除去洗涤剂,将沉淀烧成合乎要求的称量形式。操作方法如图3-14所示。如用高温炉灼烧,将坩埚先放在打开炉门的炉膛上预热后,再送入炉膛,盖上坩埚盖,在所要求的温度下灼烧一定时间。然后冷却后,称量。继续灼烧一定时间,冷却再称量,直至恒重为止。

视频3-7 沉淀的烘干和灼烧

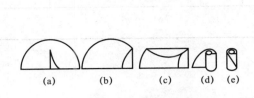

图3-13 晶形沉淀的包裹

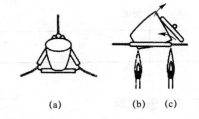

图3-14 坩埚(沉淀)的烘干和灼烧

③恒重,是指相邻两次灼烧前后的称量差值不大于0.4 mg。每次灼烧完毕从炉中取出后,都应在空气中稍冷后,再移入干燥器,冷却至室温后称重。然后再灼烧、冷却、称量,直到恒重为止。

注意:每次灼烧、称量和放置的时间要保持一致。

(4)计算。沉淀经烘干或灼烧至恒重后,由其质量即可计算测定结果。

3.5.5 技能训练

(1)在规定时间内熟练完成硫酸钡沉淀的过滤、洗涤和转移、烘干、灼烧等操作。
(2)操作动作基本符合称量分析法的要求。
(3)遵守安全规程,做到文明操作。

3.5.6 考核标准

称量分析法仪器操作考核要求及评分标准见表3-10。

表3-10　称量分析法仪器操作考核要求及评分标准

序号	考核内容	考核要点	配分	评分标准	扣分	得分
1	实验准备	1. 实验预习; 2. 仪器的认领	20	有一项不符合标准扣10分,扣完为止		
2	沉淀的制备	制备方法是否正确,沉淀是否完全、洁净	20	有一项不符合标准扣10分,扣完为止		
3	沉淀的过滤、洗涤	过滤方法是否正确,洗涤方法是否正确	20	有一项不符合标准扣10分,扣完为止		
4	沉淀的烘干、灼烧	烘干、灼烧方法是否正确,二次称量差值小于0.4 mg	20	有一项不符合标准扣10分,扣完为止		
5	安全文明操作	物品摆放,实验台面整洁情况,玻璃仪器清洗放置情况,安全操作情况	20	有一项不符合标准扣5分,扣完为止		
6	总分					

3.5.7 思考题

(1)什么叫作倾泻法?
(2)洗涤沉淀时,为什么用洗涤液或水都要少量多次?
(3)为保证 $BaSO_4$ 沉淀的溶解损失不超过 0.1%,洗涤沉淀用水量不超过多少毫升?

项目 4
标准溶液的配制与标定

项目目标

1. 学会盐酸、氢氧化钠、EDTA 等标准溶液的配制及标定方法。
2. 掌握标定不同标准溶液常用的基准物质的配制方法。
3. 能熟练运用不同的指示剂判断终点。

项目任务

1. 通过配制盐酸、氢氧化钠、EDTA、高锰酸钾等标准溶液,学会不同标准溶液的配制方法。
2. 学会甲基橙、酚酞等指示剂的配制方法,并能熟练运用不同的指示剂判断终点。
3. 会用不同的方法标定标准溶液的浓度,并能熟练进行数据记录及处理。

实训任务 4.1　盐酸标准溶液的配制与标定

4.1.1　实训目标

(1)掌握盐酸标准溶液的配制方法。
(2)掌握用无水 Na_2CO_3 为基准物标定盐酸溶液浓度的基本原理、操作方法和数据处理方法。
(3)熟练掌握滴定操作、减量称量操作和甲基橙指示剂滴定终点的判断。

4.1.2　实训仪器及试剂

(1)实训仪器:分析天平;酸式滴定管(50 mL)、锥形瓶(250 mL)、容量瓶(250 mL)、移液管(25 mL)、细口试剂瓶(500 mL)。
(2)实训试剂:0.1 mol/L HCl、无水 Na_2CO_3(AR)、0.1%甲基橙指示剂。

4.1.3　实训内容

(1)通过配制 0.1 mol/L 的盐酸溶液、0.1 mol/L 的 Na_2CO_3 溶液、0.1%甲基橙指示剂等,学会溶液的配制及标准溶液的标定方法。
(2)熟悉滴定管、容量瓶、移液管等分析仪器的使用方法。

4.1.4　实训指导

1. 实训原理

量取稍多于计算量的浓盐酸配成溶液。准确称量基准物无水 Na_2CO_3,溶解后用 HCl 溶液直接滴定,以甲基橙为指示剂,滴定至溶液由黄色变为橙色为滴定终点。其反应式为

$$2HCl+Na_2CO_3=2NaCl+CO_2\uparrow+H_2O$$

2. 实训步骤

(1)配制 $C(HCl)=0.1$ mol/L 的 HCl 溶液 500 mL。用 10 mL 洁净小量筒量取 4.5 mL 浓盐酸(约 12 mol/L),小心倒入已加入300 mL 蒸馏水的 500 mL 烧杯,摇匀,再稀释至 500 mL。转入试剂瓶,盖好瓶塞,摇匀并贴上标签,待标定。

(2)Na_2CO_3 标准溶液的配制。在分析天平上用量减法准确称取 1.1~1.4 g(准确至 0.1 mg)无水 Na_2CO_3 于100 mL 烧杯中,加入 50 mL 蒸馏水溶解,转移至 250 mL 容量瓶中、定容、摇匀、待用。

(3)标定 HCl 溶液。用 25.00 mL 移液管分别取 3 份 Na_2CO_3 标准溶液于 3 个锥形瓶中,各加入 1~2 滴甲基橙指示剂。用 0.1 mol/L 的 HCl 溶液滴定至溶液由黄色变为

橙色，记录所消耗的 HCl 溶液的体积(临近终点时应剧烈摇动或最好把溶液加热至沸腾，以赶走 CO_2 使指示剂颜色变化敏锐)。同时做空白实验。

(4)计算 HCl 溶液浓度。其计算式为

$$C(\text{HCl}) = \frac{2m(\text{Na}_2\text{CO}_3)}{M(\text{Na}_2\text{CO}_3) \times [V(\text{HCl}) - V_0] \times 10^{-3}}$$

式中　$C(\text{HCl})$——盐酸标准溶液的浓度；
　　　$V(\text{HCl})$——盐酸溶液的体积(mL)；
　　　V_0——空白消耗盐酸溶液的体积；
　　　$m(\text{Na}_2\text{CO}_3)$——称取碳酸钠的质量(g)；
　　　$M(\text{Na}_2\text{CO}_3)$——碳酸钠的摩尔质量(g/mol)。

扫一扫：视频 4-1 盐酸标准溶液的配制与标定

4.1.5　技能训练

(1)在规定的时间内完成盐酸标准溶液的配制与标定，计算出盐酸溶液的准确浓度，并分析本次实验数据，找出失败与成功的原因。

(2)遵守安全规程，做到文明操作。

4.1.6　数据记录

盐酸标准溶液的标定数据记录见表 4-1。

表 4-1　盐酸标准溶液的标定数据记录

测定次数	1	2	3
倾出前(称量瓶+Na_2CO_3)质量/g			
倾出后(称量瓶+Na_2CO_3)质量/g			
$M(\text{Na}_2\text{CO}_3)$/g			
$V(\text{HCl})$初读数/mL			
$V(\text{HCl})$终读数/mL			
滴定消耗 $V(\text{HCl})$/mL			
空白实验 $V_0(\text{HCl})$/mL			
实际消耗 $V(\text{HCl})$/mL			
$C(\text{HCl})$/(mol·L^{-1})			
$C(\text{HCl})$平均值/(mol·L^{-1})			
相对平均偏差/%			

4.1.7　考核标准

盐酸标准溶液的标定考核要求及评分标准见表 4-2。

表 4-2 盐酸标准溶液的标定考核要求及评分标准

序号	考核内容	考核要点	配分	评分标准	扣分	得分
1	实验准备	1. 锥形瓶等普通玻璃仪器洗涤； 2. 滴定管的检查与试漏； 3. 仪器洗涤效果	5	有一项不符合标准扣2分，扣完为止		
2	物质称量	1. 准备工作： (1)天平罩的取放，水平的检查； (2)天平各部件的检查、清洁； (3)天平零点的调节。 2. 称量操作： (1)称量瓶的取放； (2)天平门的开关； (3)倾样方法及次数(≤4)； (4)称量时间(≤15 min)； (5)称量范围(±10%)。 3. 结束工作： (1)天平复原； (2)复查天平零点	15	有一项不符合标准扣2分，称量时间每延长 5 min 扣2分，扣完为止		
3	移液	1. 移液管润洗； 2. 手持移液管方法正确； 3. 吸取溶液方法正确、熟练； 4. 移取溶液体积准确； 5. 放出溶液方法正确； 6. 液面降至尖嘴后停留 15 s	10	有一项不符合标准扣2分，扣完为止		
4	容量瓶使用	1. 溶液转移方法； 2. 稀释至2/3容积时平摇； 3. 定容操作； 4. 摇匀操作	15	有一项不符合标准扣2分，扣完为止		
5	滴定	1. 滴定管润洗； 2. 赶气泡； 3. 滴定管读数； 4. 滴定时的正确姿势； 5. 滴定速度的控制； 6. 半滴溶液控制技术； 7. 终点的判断和控制； 8. 滴定中是否因使用不当更换滴定管	20	有一项不符合标准扣3分，扣完为止		

续表

序号	考核内容	考核要点	配分	评分标准	扣分	得分
6	数据记录处理	1. 数据记录及时，不得涂改； 2. 计算公式及结果正确； 3. 正确保留有效数字； 4. 报告完整、规范、整洁； 5. 计算结果准确度； 6. 计算结果精密度	30	有一项不符合标准扣5分，扣完为止		
7	安全文明操作	1. 实验台面整洁情况； 2. 物品摆放； 3. 玻璃仪器清洗放置情况； 4. 安全操作情况	5	有一项不符合标准扣2分，扣完为止		
8	总分					

4.1.8 思考题

(1) 如果 Na_2CO_3 中结晶水没有完全除去，实验结果会怎样？

(2) 本实验中准确移取 Na_2CO_3 溶液于锥形瓶中，锥形瓶内壁是否要烘干？为什么？

(3) 配制 500 mL 0.10 mol/L HCl 溶液，应量取市售浓盐酸多少毫升？应用量筒还是用吸量管量取？为什么？

(4) 能否采用已知准确浓度的 NaOH 标准溶液标定 HCl 浓度？应选用哪种指示剂？为什么？滴定操作时哪种溶液置于锥形瓶？NaOH 标准溶液应如何移取？

实训任务4.2　氢氧化钠标准溶液的配制与标定

4.2.1　实训目标

(1)掌握氢氧化钠溶液的配制和标定方法。
(2)进一步熟练使用量减称量法称取基准试样。
(3)掌握滴定管的使用和滴定操作技术。

4.2.2　实训仪器及试剂

(1)实训仪器：分析天平、碱式滴定管(25 mL)、锥形瓶(250 mL)、胶塞试剂瓶(500 mL)。

(2)实训试剂：NaOH 固体、邻苯二甲酸氢钾($KHC_8H_4O_4$)基准物质、0.2%酚酞指示剂。

4.2.3　实训内容

通过配制 0.1 mol/L NaOH 溶液、0.1 mol/L 的邻苯二甲酸氢钾溶液、0.2%酚酞指示剂溶液等，学习固体物质溶液的配制方法及标准溶液的标定方法。

4.2.4　实训指导

1. 实训原理

由于氢氧化钠固体易吸收空气中的二氧化碳，因此，标准溶液只能用间接法配制，其浓度的确定可以用基准物质来标定。常用的基准物质有草酸和邻苯二甲酸氢钾等。本实验采用邻苯二甲酸氢钾，它与氢氧化钠的反应式为

$$KHC_8H_4O_4 + NaOH = KNaC_8H_4O_4 + H_2O$$

计算需要 NaOH 的质量，粗称 NaOH 并以适当的方法配成溶液。

准确称量邻苯二甲酸氢钾，溶解后用 NaOH 溶液直接滴定，达到化学计量点时，溶液呈弱碱性，可用酚酞作指示剂。滴定至溶液由无色变为微红色30 s内不褪色即滴定终点。

2. 实训步骤

(1)配制 $C(NaOH)=0.1$ mol/L 的 NaOH 溶液 500 mL。在托盘天平上用表面皿迅速称取 2.2~2.5 g NaOH 固体于小烧杯中，用少量蒸馏水洗去表面可能含有的 Na_2CO_3，再加入无 CO_2 的蒸馏水溶解，倾入500 mL 试剂瓶，加水稀释至 500 mL，用胶塞盖紧，摇匀，贴上标签，待标定。

(2)用基准物质邻苯二甲酸氢钾标定 NaOH 溶液。准确称量干燥基准物质邻苯二甲酸氢钾3份，每份0.4~0.6 g，分别倒入 250 mL 锥形瓶，加入 25 mL 无 CO_2 蒸馏水

使其充分溶解(如没有完全溶解,可稍微加热)。滴加 1~2 滴酚酞指示剂,用待标定的 NaOH 溶液滴定至溶液呈微红色并保持 30 s 不褪色即终点。

(3)计算 NaOH 溶液浓度。

$$C(NaOH)=\frac{m(KHC_8H_4O_4)}{V(NaOH) \cdot M(KHC_8H_4O_4)}$$

式中　$C(NaOH)$——氢氧化钠标准溶液的浓度;
　　　$m(KHC_8H_4O_4)$——称取邻苯二甲酸氢钾的质量(g);
　　　$M(KHC_8H_4O_4)$——邻苯二甲酸氢钾的摩尔质量(g/mol);
　　　$V(NaOH)$——氢氧化钠溶液的体积(mL)。

扫一扫:视频 4-2
氢氧化钠标准溶液的配制与标定

4.2.5　技能训练

(1)在规定的时间内完成氢氧化钠标准溶液的配制与标定。

(2)计算氢氧化钠标准滴定溶液的准确浓度,并分析本次实验数据,找出失败与成功的原因。

(3)遵守安全规程,做到文明操作。

4.2.6　数据记录

氢氧化钠标准溶液的标定数据记录见表 4-3。

表 4-3　氢氧化钠标准溶液的标定数据记录

测定次数	1	2	3
倾出前(称量瓶+$KHC_8H_4O_4$)质量/g			
倾出后(称量瓶+$KHC_8H_4O_4$)质量/g			
$M(KHC_8H_4O_4)$/g			
$V(NAOH)$初读数/mL			
$V(NAOH)$终读数/mL			
滴定消耗 $V(NAOH)$/mL			
空白实验 $V_0(NAOH)$/mL			
实际消耗 $V(NAOH)$/mL			
$C(NAOH)$/(mol·L^{-1})			
$C(NAOH)$平均值/(mol·L^{-1})			
相对平均偏差/%			

4.2.7　考核标准

氢氧化钠标准溶液标定考核要求及评分标准见表 4-4。

表 4-4 氢氧化钠标准溶液标定考核要求及评分标准

序号	考核内容	考核要点	配分	评分标准	扣分	得分
1	实验准备	1. 锥形瓶等普通玻璃仪器洗涤； 2. 滴定管的检查与试漏； 3. 仪器洗涤效果	5	有一项不符合标准扣 2 分，扣完为止		
2	物质称量	1. 准备工作： (1)天平罩的取放，水平的检查； (2)天平各部件的检查，清洁； (3)天平零点的调节。 2. 称量操作： (1)称量瓶的取放； (2)天平门的开关； (3)倾样方法及次数(≤4)； (4)称量时间(≤15 min)； (5)称量范围(±10%)。 3. 结束工作： (1)天平复原； (2)复查天平零点	20	有一项不符合标准扣 2 分，称量时间每延长 5 min 扣 2 分，扣完为止		
3	滴定	1. 滴定管润洗； 2. 赶气泡； 3. 滴定管读数； 4. 滴定时的正确姿势； 5. 滴定速度的控制； 6. 半滴溶液控制技术； 7. 终点的判断和控制； 8. 滴定中是否因使用不当更换滴定管	30	有一项不符合标准扣 3 分，扣完为止		
4	数据记录处理	1. 数据记录及时，不得涂改； 2. 计算公式及结果正确； 3. 正确保留有效数字； 4. 报告完整、规范、整洁； 5. 计算结果准确度； 6. 计算结果精密度	35	有一项不符合标准扣 6 分，扣完为止		
5	安全文明操作	1. 实验台面整洁情况； 2. 物品摆放； 3. 玻璃仪器清洗放置情况； 4. 安全操作情况	10	有一项不符合标准扣 2 分，扣完为止		
6	总分					

4.2.8 思考题

(1)基准物质的称量范围是如何确定的？

(2)标定 NaOH 标准溶液的基准物质常用的有哪几种？本实验选用的基准物质是什么？与其他基准物质比较，它有什么显著的优点？

(3)称取 NaOH 及 $KHC_8H_4O_4$ 各用什么天平？为什么？

(4)用邻苯二甲酸氢钾标定 NaOH 溶液时，为什么用酚酞作指示剂而不用甲基红或甲基橙作指示剂？

实训任务 4.3　EDTA 标准溶液的配制与标定

4.3.1　实训目标

(1)掌握 EDTA 标准溶液的配制和标定方法。
(2)掌握铬黑 T 指示剂的配制方法及判断终点的方法。

4.3.2　实训仪器及试剂

(1)实训仪器：分析天平、酸式滴定管(50 mL)、锥形瓶(250 mL)、试剂瓶(500 mL)等。
(2)实训试剂：EDTA 二钠盐、pH＝10 的氨缓冲溶液、铬黑 T 指示剂、氧化锌(ZnO)基准物、6 mol/L HCl 溶液。

4.3.3　实训内容

通过配制 pH＝10 的氨缓冲溶液、铬黑 T 指示剂、ZnO 标准溶液、6 mol/L HCl 溶液，学会一般溶液的配制方法，通过标定 EDTA 标准溶液的浓度学会铬黑 T 指示剂的配制方法及判断终点的方法。

4.3.4　实训指导

1. 实训原理

$Na_2H_2Y \cdot 2H_2O$ 的相对分子质量为 372.24，通常采用间接法配制标准溶液。

标定 EDTA 溶液常用的标准有 Zn、ZnO、$CaCO_3$、$MgSO_4 \cdot 7H_2O$ 等。通常选用其中与被测物组分相同的物质做基准物，在与测定相同的条件下标定，可以减小系统误差。

EDTA 标准溶液存储于聚乙烯容器。

在 pH＝10 的氨缓冲溶液中，用 EDTA 滴定 Zn^{2+}。铬黑 T 是良好的指示剂，滴定终点由 $ZnIn^-$ 的酒红色变为 HIn^{2-} 游离指示剂的纯蓝色。

$$Zn^{2+} + HIn^{2-} = ZnIn^- + H^+$$
　　　　（蓝）　　（红）
$$Zn^{2+} + H_2Y^{2-} = ZnY^{2-} + 2H^+$$
$$ZnIn^- + H_2Y^{2-} = ZnY^{2-} + HIn^{2-} + H^+$$
（红）　　　　　　　　　　　（蓝）

2. 实训步骤

(1)0.02 mol/L EDTA 标准溶液的配制。称取 EDTA 二钠盐 7.5 g，溶解于 300～400 mL 温水，稀释至 1 L，储于聚乙烯塑料瓶。

(2)EDTA 标准溶液的标定。

1)0.02 mol/L Zn^{2+} 标准溶液的配制。称取 ZnO 0.4 g 精确至 0.000 2 g，置于小烧杯中，加入 2~3 滴水润湿，滴加 6 mol/L 盐酸至全部溶解（约 2 mL），加入 25 mL 水，摇匀。定量转移到 250 mL 容量瓶中，用水稀释至标线，摇匀。

2)EDTA 标准溶液的标定。准确吸取锌标准溶液 25 mL，注入锥形瓶，加入 25 mL 纯水，慢慢滴加氨水(1+1)至刚出现白色浑浊，此时 pH 值为 8，然后加入 10 mL 氨缓冲溶液(pH=10)，滴加 3~4 滴铬黑 T 指示剂或固体指示剂一小撮，充分摇匀，用 0.02 mol/L EDTA 标准溶液滴定，由酒红色变纯蓝色为终点。记录消耗 EDTA 溶液的体积。

扫一扫：视频 4-3
EDTA 标准溶液
的配制与标定

(3)EDTA 标准溶液的计算。

$$C(EDTA)=\frac{C(Zn^{2+})V(Zn^{2+})}{V(EDTA)}$$

式中 $C(EDTA)$——EDTA 标准溶液的浓度(mol/L)；

$C(Zn^{2+})$——Zn^{2+} 标准溶液的浓度(mol/L)；

$V(Zn^{2+})$——Zn^{2+} 标准溶液的体积(mL)；

$V(EDTA)$——滴定时消耗 EDTA 标准溶液的体积(mL)。

3. 注意事项

(1)滴加 1+1 氨水调整溶液酸度时要逐滴加入，每加一滴都要摇匀，溶液静止下来后再加下一滴，防止滴加过量，以出现浑浊为限。若滴加过快时，可能会使浑浊立即消失，误以为还没有出现浑浊。

(2)加入 NH_3-NH_4Cl 缓冲溶液后应尽快滴定，不宜放置过久。

(3)在配制 EDTA 溶液时要保证固体全部溶解。

(4)酸式滴定管、移液管均应用标准溶液润洗。

4. 基本溶液的配制方法

(1)pH=10 的氨缓冲溶液：将 54 g NH_4Cl 放于 200 mL 水中，加入 350 mL 浓氨水，用水稀释至 1 L。

(2)铬黑 T 指示剂：称取 0.5 g 铬黑 T，加入 75 mL 乙醇、25 mL 三乙醇胺，温热溶解，装入棕色瓶中备用，或用固体指示剂、铬黑 T 与 NaCl 1∶100 混合。

(3)氧化锌基准物：AR 或 GR800 ℃灼烧至恒重。

4.3.5 技能训练

(1)在规定时间内完成 EDTA 标准溶液的配制及标定实验，并对本次实验数据进行处理分析。

(2)遵守安全规程，做到文明操作。

4.3.6 数据记录

EDTA 标准滴定溶液的标定数据记录见表 4-5。

表 4-5 EDTA 标准滴定溶液的标定数据记录

项目		测定次数 1	2	3	备用
基准物称量	m 倾样前/g				
	m 倾样后/g				
	m(氧化锌)/g				
移取试液体积/mL					
滴定管初读数/mL					
滴定管终读数/mL					
滴定消耗 EDTA 体积/mL					
体积校正值/mL					
溶液温度/℃					
温度补正值					
溶液温度校正值/mL					
实际消耗 EDTA 体积/mL					
空白/mL					
$C/(mol \cdot L^{-1})$					
平均 $C/(mol \cdot L^{-1})$					
相对极差/%					

4.3.7 考核标准

EDTA 标准溶液的标定考核要求及评分标准见表 4-6。

表 4-6 EDTA 标准溶液的标定考核要求及评分标准

序号	考核内容	考核要点	配分	评分标准	扣分	得分
1	实验准备	1. 玻璃仪器洗涤; 2. 滴定管的检查与试漏; 3. 仪器洗涤效果	5	有一项不符合标准扣 2 分,扣完为止		

续表

序号	考核内容	考核要点	配分	评分标准	扣分	得分
2	物质称量	1. 准备工作： (1) 天平罩的取放，水平的检查； (2) 天平各部件的检查，清洁； (3) 天平零点的调节。 2. 称量操作： (1) 称量瓶的取放； (2) 天平门的开关； (3) 倾样方法及次数($\leqslant 4$)； (4) 称量时间($\leqslant 15$ min)； (5) 称量范围($\pm 10\%$)。 3. 结束工作	15	有一项不符合标准扣2分，称量时间每延长 5 min 扣 2 分，扣完为止		
3	移液	1. 移液管润洗； 2. 手持移液管方法正确； 3. 吸取溶液方法正确、熟练； 4. 移取溶液体积准确； 5. 放出溶液方法正确； 6. 液面降至尖嘴后停留 15 s	10	有一项不符合标准扣2分，扣完为止		
4	容量瓶使用	1. 溶液转移方法； 2. 稀释至 2/3 容积时平摇； 3. 定容操作； 4. 摇匀操作	5	有一项不符合标准扣2分，扣完为止		
5	滴定	1. 滴定管润洗； 2. 赶气泡； 3. 滴定管读数； 4. 滴定时的正确姿势； 5. 滴定速度的控制； 6. 半滴溶液控制技术； 7. 终点的判断和控制； 8. 滴定中是否因使用不当更换滴定管	25	有一项不符合标准扣3分，扣完为止		
6	数据记录及处理	1. 数据记录及时，不得涂改； 2. 计算公式及结果正确； 3. 正确保留有效数字； 4. 报告完整、规范、整洁； 5. 计算结果准确度； 6. 计算结果精密度	35	有一项不符合标准扣5分，扣完为止		

续表

序号	考核内容	考核要点	配分	评分标准	扣分	得分
7	安全文明操作	1. 实验台面整洁情况； 2. 物品摆放； 3. 玻璃仪器清洗放置情况； 4. 安全操作情况	5	有一项不符合标准扣2分，扣完为止		
8	总分					

4.3.8 思考题

(1) EDTA 标准溶液通常使用乙二胺四乙酸二钠配制，而不使用乙二胺四乙酸，为什么？

(2) 用 Zn^{2+} 标定 EDTA 时，为什么先用氨水调节溶液的 pH＝7～8 以后，再加入氨缓冲溶液？

(3) 用 Zn^{2+} 标定 EDTA，用氨水调节溶液 pH 值时，先出现白色沉淀，后又溶解，试解释此现象。

实训任务 4.4 高锰酸钾标准溶液的配制与标定

4.4.1 实训目标

(1)掌握高锰酸钾($KMnO_4$)标准溶液的配制和保存方法。
(2)掌握用草酸钠($Na_2C_2O_4$)做基准物质标定高锰酸钾标准溶液浓度的原理和方法。
(3)学会用 $KMnO_4$ 自身指示剂判断终点的方法。

4.4.2 实训仪器及试剂

(1)实训仪器:分析天平、台秤、酸式滴定管(棕色)、烧杯、锥形瓶(250 mL)、100 mL 和 50 mL 量筒、3 号(或 4 号)微孔玻璃漏斗、棕色试剂瓶(500 mL)、表面皿、水浴锅等。
(2)实训试剂:固体 $Na_2C_2O_4$(基准物质)、固体 $KMnO_4$(分析纯)、H_2SO_4(分析纯)。

4.4.3 实训内容

通过配制 $KMnO_4$ 标准溶液,学会深色溶液的配制及保存方法;通过用 $Na_2C_2O_4$ 标定 $KMnO_4$ 标准溶液的浓度,学会深色溶液的读数,自身指示剂判断终点的方法及数据处理方法。

4.4.4 实训指导

1. 实训原理

市售 $KMnO_4$ 试剂常含有少量的 MnO_2 和其他杂质,它会加速 $KMnO_4$ 的分解,蒸馏水中微量的还原性物质也会与 $KMnO_4$ 反应,因此,$KMnO_4$ 标准溶液不能用直接法配制,必须经过标定。标定 $KMnO_4$ 溶液的基准物质有 $H_2C_2O_4 \cdot 2H_2O$、$Na_2C_2O_4$、As_2O_3 和纯铁丝等。其中,$Na_2C_2O_4$ 不含结晶水,容易提纯,不易吸湿,无毒,因此是常用的基准物质。

标定时,在热的硫酸溶液中,$KMnO_4$ 和 $Na_2C_2O_4$ 发生如下反应:

$$2MnO_4^- + 5C_2O_4^{2-} + 16H^+ = 2Mn^{2+} + 10CO_2\uparrow + 8H_2O$$

反应开始较慢,待溶液中产生 Mn^{2+} 后,由于 Mn^{2+} 的催化作用,促使反应速率加快。滴定中常以加热溶液的方法来提高反应速率。一般控制滴定温度为 75 ℃~85 ℃。若高于 90 ℃容易引起 $H_2C_2O_4$ 分解。

$KMnO_4$ 溶液本身有色,当溶液中 MnO_4^- 的浓度约为 2×10^{-6} mol/L 时,人眼即可观察到粉红色,因此,用 $KMnO_4$ 做滴定剂时,一般不加指示剂,而利用稍微过量的

KMnO₄ 使溶液呈现粉红色来指示终点的到达。KMnO₄ 称为自身指示剂。

根据基准物质的质量与滴定时所消耗的 KMnO₄ 溶液体积，计算出 KMnO₄ 溶液的准确浓度。

2. 实训步骤

(1) 0.02 mol/L KMnO₄ 标准溶液的配制。称取约 1.6 g 固体 KMnO₄，置于 1 000 mL 烧杯中，加入 500 mL 蒸馏水，用玻璃棒搅拌，使之溶解。盖上表面皿，加热至微沸并保持 1 h，冷却后倒入棕色试剂瓶，放于暗处静置 2～3 d 后，用微孔玻璃漏斗过滤，滤液存储于棕色试剂瓶中，待标定。

(2) KMnO₄ 标准溶液的标定。在分析天平上，用减量法准确称取 1.5 g，精确至 0.000 2 g，于 105 ℃～110 ℃烘至恒重的基准 Na₂C₂O₄（不得用去皮的方法）于 100 mL 小烧杯，用 30 mL 硫酸溶液（1＋9）溶解，定量转移至 250 mL 容量瓶中，用水稀释至刻度，摇匀。

用移液管准确量取 25.00 mL 上述溶液放入锥形瓶中，加入 30 mL 硫酸溶液（1＋9），用配制好的 KMnO₄ 滴定，近终点时加热至 65 ℃，继续滴定到溶液呈粉红色保持 30 s 不褪色即终点。记录滴定所消耗 KMnO₄ 溶液的体积 V(mL)。

平行测定 3 次，同时做空白实验。

扫一扫：视频 4-4
高锰酸钾标准溶液的配制与标定

(3) 计算 KMnO₄ 标准溶液的浓度。

$$C(KMnO_4) = \frac{m(Na_2C_2O_4)}{M(Na_2C_2O_4) \times V(KMnO_4) \times 10^{-3}} \times \frac{2}{5}$$

式中 $C(KMnO_4)$——KMnO₄ 标准溶液的浓度(mol/L)；

$m(Na_2C_2O_4)$——Na₂C₂O₄ 的质量(g)；

$M(Na_2C_2O_4)$——Na₂C₂O₄ 的摩尔质量(g/mol)；

$V(KMnO_4)$——滴定时消耗 KMnO₄ 的体积(mL)。

3. 注意事项

(1) 滴定终了时温度不能低于 55 ℃，否则会因为反应速度过慢影响终点观察的准确性。

(2) 滴定过程中加热可加快反应速率，但如果温度高于 90 ℃容易引起 H₂C₂O₄ 分解及 KMnO₄ 转化为 MnO₂。

(3) 开始时滴定速度要慢，一定要等前一滴 KMnO₄ 的红色完全褪去，再滴入下一滴。若滴定速度过快，部分 KMnO₄ 将来不及与 Na₂C₂O₄ 反应而在热的酸性溶液中分解。

(4) KMnO₄ 颜色较深，读数时应以液面的上沿最高线为准。

4.4.5 技能训练

(1) 在规定时间内完成 KMnO₄ 标准溶液的配制及标定实验，并对本次实验数据进行处理分析。

（2）遵守安全规程，做到文明操作。

4.4.6 数据记录

$KMnO_4$ 标准溶液标定数据记录见表 4-7。

表 4-7 $KMnO_4$ 标准溶液标定数据记录

项目	测定次数	1	2	3	备用
基准物称量	m 倾样前/g				
	m 倾样后/g				
	m（草酸钠）/g				
移取试液体积/mL					
滴定管初读数/mL					
滴定管终读数/mL					
滴定消耗 $KMnO_4$ 标准溶液体积/mL					
体积校正值/mL					
溶液温度/℃					
温度补正值					
溶液温度校正值/mL					
实际消耗 $KMnO_4$ 标准溶液体积/mL					
空白/mL					
$C/(mol \cdot L^{-1})$					
平均 $C/(mol \cdot L^{-1})$					
相对极差/%					

4.4.7 考核标准

$KMnO_4$ 标准溶液的标定考核要求及评分标准见表 4-8。

表 4-8 $KMnO_4$ 标准溶液的标定考核要求及评分标准

序号	考核内容	考核要点	配分	评分标准	扣分	得分
1	实验准备	1. 玻璃仪器洗涤； 2. 滴定管的检查与试漏	5	有一项不符合标准扣 2 分，扣完为止		

续表

序号	考核内容	考核要点	配分	评分标准	扣分	得分
2	物质称量	1. 准备工作： (1)天平罩的取放，水平的检查； (2)天平各部件的检查，清洁； (3)天平零点的调节。 2. 称量操作： (1)称量瓶的取放； (2)天平门的开关； (3)倾样方法及次数(≤4)； (4)称量时间(≤15 min)； (5)称量范围(±10%)。 3. 结束工作	15	有一项不符合标准扣2分，称量时间每延长5 min扣2分，扣完为止		
3	移液	1. 移液管润洗； 2. 手持移液管方法正确； 3. 吸取溶液方法正确、熟练； 4. 移取溶液体积准确； 5. 放出溶液方法正确； 6. 液面降至尖嘴后停留15 s	10	有一项不符合标准扣2分，扣完为止		
4	容量瓶使用	1. 溶液转移方法； 2. 稀释至2/3容积时平摇； 3. 定容操作； 4. 摇匀操作	5	有一项不符合标准扣2分，扣完为止		
5	滴定	1. 滴定管润洗； 2. 赶气泡； 3. 滴定管读数； 4. 滴定时的正确姿势； 5. 滴定速度的控制； 6. 半滴溶液控制技术； 7. 终点的判断和控制； 8. 滴定中是否因使用不当更换滴定管	25	有一项不符合标准扣3分，扣完为止		
6	数据记录及处理	1. 数据记录及时，不得涂改； 2. 计算公式及结果正确； 3. 正确保留有效数字； 4. 报告完整、规范、整洁； 5. 计算结果准确度； 6. 计算结果精密度	35	有一项不符合标准扣5分，扣完为止		

续表

序号	考核内容	考核要点	配分	评分标准	扣分	得分
7	安全文明操作	1. 实验台面整洁情况； 2. 物品摆放； 3. 玻璃仪器清洗放置情况； 4. 安全操作情况	5	有一项不符合标准扣2分，扣完为止		
8	总分					

4.4.8 思考题

(1)配制 $KMnO_4$ 标准溶液时，为什么要将 $KMnO_4$ 溶液煮沸一定时间并放置数天？配制好的 $KMnO_4$ 溶液为什么要过滤后才能保存？过滤时是否可以用滤纸？

(2)用 $KMnO_4$ 溶液滴定 $Na_2C_2O_4$ 溶液时，为什么开始时的红色褪去很慢，而后来褪去很快？

(3)为什么必须用 H_2SO_4 调节溶液的酸性？是否可用 HCl 或 HNO_3 酸化溶液？

(4)盛放 $KMnO_4$ 溶液的烧杯或锥形瓶等容器放置较久后，其壁上常有棕色沉淀物，是什么？此棕色沉淀物用通常方法不容易洗净，应怎样洗涤才能除去此沉淀物？

实训任务 4.5　硫代硫酸钠标准溶液的配制与标定

4.5.1　实训目标

(1)掌握硫代硫酸钠($Na_2S_2O_3$)标准溶液的配制和保存方法。
(2)掌握用 $K_2Cr_2O_7$ 做基准物质标定 $Na_2S_2O_3$ 标准溶液浓度的原理和方法。
(3)学会用淀粉指示剂判断终点的方法。

4.5.2　实训仪器及试剂

(1)实训仪器：分析天平、托盘天平、酸式滴定管(棕色)、烧杯、量筒、洗瓶等。
(2)实训试剂：$Na_2S_2O_3$、基准物 $K_2Cr_2O_7$、KI 固体(AR)、3 mol/L H_2SO_4、5 g/L 淀粉指示剂(配制方法：称取 0.5 g 可溶性淀粉放入小烧杯，加水 100 mL 使其成糊状，在搅拌下倒入 90 mL 沸水，微沸 2 min，冷却后转移至 100 mL 试剂瓶，贴上标签)。

4.5.3　实训内容

通过 $Na_2S_2O_3$ 标准溶液的配制和标定，熟悉淀粉指示剂判断终点的方法及数据处理方法。

4.5.4　实训指导

1. 实训原理

$Na_2S_2O_3$ 试剂一般含有少量杂质，同时容易风化和潮解，因此，不能直接配制成准确浓度的溶液。配制时，应用煮沸后冷却的蒸馏水，并加少量 Na_2CO_3 抑制细菌的生长，同时为防止光线作用，$Na_2S_2O_3$ 溶液应储存于棕色瓶，放置两周后过滤再标定。

标定 $Na_2S_2O_3$ 常用的基准物是 $K_2Cr_2O_7$，标定时采用置换滴定法，先将 $K_2Cr_2O_7$ 与过量的 KI 作用，再用 $Na_2S_2O_3$ 标准溶液滴定析出的 I_2，以淀粉为指示剂，溶液由蓝色变为亮绿色即终点。

其反应式为

$$Cr_2O_7^{2-} + 14H^+ + 6I^- = 3I_2 + 2Cr^{3+} + 7H_2O$$

析出的碘用 $Na_2S_2O_3$ 溶液滴定。

$$I_2 + 2S_2O_3^{2-} = S_4O_6^{2-} + 2I^-$$

必须注意，淀粉指示剂应在临近终点时加入，若过早加入，溶液中还剩余很多的 I_2，大量的 I_2 被淀粉牢固地吸附，不易完全放出，使终点难以确定。因此，必须在滴定至近终点(溶液呈现浅黄绿色)时，再加入淀粉指示剂。

2. 实训步骤

(1)$C(Na_2S_2O_3)=0.1$ mol/L $Na_2S_2O_3$ 溶液的配制。称取13 g市售硫代硫酸钠溶于500 mL水中,缓缓煮沸10 min,冷却后置于暗处密闭静置两周后过滤,待标定。

(2)$Na_2S_2O_3$ 标准溶液的标定。准确称取已烘干的 $K_2Cr_2O_7$ 0.12~0.15 g于250 mL碘量瓶,加25 mL煮沸并冷却的蒸馏水溶解,加入2 g固体碘化钾及20 mL 3 mol/L的 H_2SO_4 溶液,立即盖上碘量瓶塞,摇匀,瓶口加少量蒸馏水密封,防止 I_2 挥发。在暗处放置5 min,打开瓶塞,同时用蒸馏水冲洗瓶塞磨口及碘量瓶内壁,加50 mL煮沸并冷却的蒸馏水稀释,然后立即用待标定的 $Na_2S_2O_3$ 标准溶液滴定至溶液出现淡黄色时(近终点),加3 mL的淀粉指示剂,继续滴定至溶液由蓝色变为亮绿色即终点,记录消耗 $Na_2S_2O_3$ 标准溶液的体积。平行测定3次,同时做空白实验。

扫一扫:视频4-5
硫代硫酸钠标准溶液的配制与标定

(3)计算 $Na_2S_2O_3$ 标准溶液的浓度。

$$C(Na_2S_2O_3)=\frac{6\times m(K_2Cr_2O_7)}{M(K_2Cr_2O_7)\cdot V(Na_2S_2O_3)}$$

式中　$C(Na_2S_2O_3)$ ——硫代硫酸钠标准溶液的浓度(mol/L);

　　　$m(K_2Cr_2O_7)$ ——基准物 $K_2Cr_2O_7$ 的质量(g);

　　　$M(K_2Cr_2O_7)$ —— $K_2Cr_2O_7$ 的摩尔质量(g/mol);

　　　$V(Na_2S_2O_3)$ ——滴定消耗 $Na_2S_2O_3$ 标准溶液的体积(mL)。

4.5.5　技能训练

(1)在规定时间内完成 $Na_2S_2O_3$ 标准溶液的配制及标定实验。
(2)计算 $Na_2S_2O_3$ 标准溶液的浓度并书写报告,对本次实验数据进行处理分析。
(3)遵守安全规程,做到文明操作。

4.5.6　数据记录

硫代硫酸钠标准溶液的标定记录见表4-9。

表4-9　硫代硫酸钠标准溶液的标定记录

项目	1	2	3
称取样品前质量/g			
称取样品后质量/g			
$K_2Cr_2O_7$ 的质量/g			
滴定管体积初读数/mL			
滴定管体积终读数/mL			

续表

项目	1	2	3
消耗 I_2 标准溶液的体积/mL			
滴定管校正值/mL			
溶液温度补正值/(mL·L^{-1})			
实际消耗 $Na_2S_2O_3$ 标准溶液的体积/mL			
空白实验消耗 $Na_2S_2O_3$ 标准溶液的体积/mL			
$Na_2S_2O_3$ 标准溶液的浓度/(mol·L^{-1})			
$Na_2S_2O_3$ 标准溶液的平均浓度/(mol·L^{-1})			
相对极差/%			

4.5.7 考核标准

硫代硫酸钠标准溶液的标定考核要求及评分标准见表 4-10。

表 4-10 硫代硫酸钠标准溶液的标定考核要求及评分标准

序号	考核内容	考核要点	配分	评分标准	扣分	得分
1	实验准备	1. 锥形瓶等普通玻璃仪器洗涤; 2. 滴定管的检查与试漏; 3. 仪器洗涤效果	5	有一项不符合标准扣 2 分,扣完为止		
2	物质称量	1. 准备工作: (1)天平罩的取放,水平的检查; (2)天平各部件的检查,清洁; (3)天平零点的调节。 2. 称量操作: (1)称量瓶的取放; (2)天平门的开关; (3)倾样方法及次数(≤4); (4)称量时间(≤15 min); (5)称量范围(±10%)。 3. 结束工作	15	有一项不符合标准扣 2 分,称量时间每延长 5 min 扣 2 分,扣完为止		
3	移液	1. 移液管润洗; 2. 手持移液管方法正确; 3. 吸取溶液方法正确、熟练; 4. 移取溶液体积准确; 5. 放出溶液方法正确; 6. 液面降至尖嘴后停留 15 s	10	有一项不符合标准扣 2 分,扣完为止		

续表

序号	考核内容	考核要点	配分	评分标准	扣分	得分
4	容量瓶使用	1. 溶液转移方法； 2. 稀释至 2/3 容积时平摇； 3. 定容操作； 4. 摇匀操作	5	有一项不符合标准扣 2 分，扣完为止		
5	滴定	1. 滴定管润洗； 2. 赶气泡； 3. 滴定管读数； 4. 滴定时的正确姿势； 5. 滴定速度的控制； 6. 半滴溶液控制技术； 7. 终点的判断和控制； 8. 是否因使用不当更换滴定管	25	有一项不符合标准扣 3 分，扣完为止		
6	数据记录及处理	1. 数据记录及时，不得涂改； 2. 计算公式及结果正确； 3. 正确保留有效数字； 4. 报告完整、规范、整洁； 5. 计算结果准确度； 6. 计算结果精密度	35	有一项不符合标准扣 5 分，扣完为止		
7	安全文明操作	1. 实验台面整洁情况； 2. 物品摆放； 3. 玻璃仪器清洗放置情况； 4. 安全操作情况	5	有一项不符合标准扣 2 分，扣完为止		
8	总分					

4.5.8 思考题

(1) 标定 $Na_2S_2O_3$ 标准溶液时，淀粉指示剂应在什么时候加入？为什么？

(2) 为什么新配制好的 $Na_2S_2O_3$ 溶液需放置两周后才能标定？

实训任务 4.6　碘标准溶液的配制与标定

4.6.1　实训目标

(1)掌握碘标准溶液的配制和保存方法。
(2)掌握用 $Na_2S_2O_3$ 标准溶液标定碘标准溶液浓度的原理和方法。
(3)学会用淀粉指示剂判断终点的方法。

4.6.2　实训仪器及试剂

(1)实训仪器：分析天平、酸式滴定管(50 mL)、碘量瓶(250 mL)等。
(2)实训试剂：0.1 mol/L $Na_2S_2O_3$、I_2 固体(AR)、KI(AR)、5 g/L 淀粉指示剂等。

4.6.3　实训内容

(1)通过碘标准溶液的配制和标定，熟悉易挥发性溶液的配制和标定方法。
(2)熟悉淀粉指示剂判断终点的方法及数据处理方法。

4.6.4　实训指导

1. 实训原理

碘可以通过升华法制得纯试剂，但因其升华对天平有腐蚀，故不宜用直接法配制碘标准溶液，而应采用间接法。标定碘标准溶液时，可以 As_2O_3 作为基准物质，但是由于 As_2O_3 有剧毒，常用已知准确浓度的 $Na_2S_2O_3$ 标准溶液标定碘标准溶液。标定时，用碘溶液滴定一定体积的 $Na_2S_2O_3$ 标准溶液，以淀粉为指示剂，终点时溶液由无色变成蓝色。其反应式为

$$I_2 + 2S_2O_3^{2-} = S_4O_6^{2-} + 2I^-$$

扫一扫：视频 4-6
碘标准溶液的
配制与标定

2. 实训步骤

(1)0.1 mol/L I_2 标准溶液的配制。称取 6.5 g I_2 和 20 g KI 置于小烧杯中，加水少许，研磨或搅拌至 I_2 全部溶解后(KI 可分 4~5 次加，每次加水 5~10 mL，反复研磨至碘片全部溶解)，转移到棕色试剂瓶，加水稀释至 250 mL，摇匀后放置过夜再标定。

(2)I_2 标准溶液的标定。准确移去已知浓度的 $Na_2S_2O_3$ 标准溶液 25.00 mL 于 250 mL 碘量瓶中，加 150 mL 蒸馏水，加入 3 mL 淀粉指示剂，用待标定的 I_2 标准溶液滴定至溶液呈现蓝色为终点。记录消耗 I_2 标准溶液的体积，平行测定 3 次，同时做空白实验，记录消耗体积。

(3)计算 I_2 标准溶液的浓度。

$$C(I_2)=\frac{2\times C(Na_2S_2O_3)\cdot V(Na_2S_2O_3)}{V(I_2)}$$

式中　$C(I_2)$——碘标准溶液的浓度(mol/L^{-1});

$C(Na_2S_2O_3)$——$Na_2S_2O_3$ 标准溶液的浓度(mol/L^{-1});

$V(Na_2S_2O_3)$——移取 $Na_2S_2O_3$ 标准溶液的体积(mL);

$V(I_2)$——I_2 标准溶液的体积(mL)。

4.6.5　技能训练

(1)在规定时间内完成碘标准溶液的配制及标定实验。

(2)计算碘标准溶液的浓度及书写报告,并对本次实验数据进行分析。

(3)遵守安全规程,做到文明操作。

4.6.6　数据记录

碘标准溶液标定数据记录见表 4-11。

表 4-11　碘标准溶液标定数据记录

项目	1	2	3
移取 $Na_2S_2O_3$ 标准溶液的体积/mL			
滴定管体积初读数/mL			
滴定管体积终读数/mL			
消耗 I_2 标准溶液的体积/mL			
滴定管体积校正值/mL			
溶液温度/℃			
溶液温度补正值/(mL·L^{-1})			
实际消耗 I_2 标准溶液的体积/mL			
空白实验消耗 I_2 标准溶液的体积/mL			
I_2 标准溶液的浓度/(mol·L^{-1})			
I_2 标准溶液的平均浓度/(mol·L^{-1})			
相对极差/%			

4.6.7　考核标准

碘标准溶液的标定考核要求及评分标准见表 4-12。

表 4-12　碘标准溶液的标定考核要求及评分标准

序号	考核内容	考核要点	配分	评分标准	扣分	得分
1	实验准备	1. 玻璃仪器的洗涤； 2. 滴定管的检查与试漏	5	有一项不符合标准扣2分，扣完为止		
2	移液	1. 移液管润洗； 2. 手持移液管方法正确； 3. 吸取溶液方法正确、熟练； 4. 移取溶液体积准确； 5. 放出溶液方法正确； 6. 液面降至尖嘴后停留15 s	20	有一项不符合标准扣2分，扣完为止		
3	滴定	1. 滴定管润洗； 2. 赶气泡； 3. 滴定管读数； 4. 滴定时的正确姿势； 5. 滴定速度的控制； 6. 半滴溶液控制技术； 7. 终点的判断和控制； 8. 是否因使用不当更换滴定管	30	有一项不符合标准扣3分，扣完为止		
4	数据记录处理	1. 数据记录及时，不得涂改； 2. 计算公式及结果正确； 3. 正确保留有效数字； 4. 报告完整、规范、整洁； 5. 计算结果准确度； 6. 计算结果精密度	40	有一项不符合标准扣5分，扣完为止		
5	安全文明操作	1. 实验台面整洁情况； 2. 物品摆放； 3. 安全操作情况	5	有一项不符合标准扣2分，扣完为止		
6	总分					

4.6.8　思考题

(1)碘溶液应装在什么滴定管中？为什么？

(2)配制碘溶液时，为什么要在溶液非常浓的情况下将I_2与KI一起研磨，当I_2与KI溶解后才能用水稀释？如果过早稀释会发生什么情况？

实训任务 4.7 硝酸银标准溶液的配制与标定

4.7.1 实训目标

(1)掌握硝酸银($AgNO_3$)标准溶液的配制和保存方法。
(2)掌握用 NaCl 做基准物质标定硝酸银标准溶液浓度的原理和方法。
(3)学会用铬酸钾和荧光黄指示剂判断终点的方法。

4.7.2 实训仪器及试剂

(1)实训仪器:分析天平、台秤、容量瓶(250 mL)、50 mL 棕色酸式滴定管、25 mL 移液管、锥形瓶、试剂瓶(500 mL 棕色)等。
(2)实训试剂:NaCl 基准物质、固体 $AgNO_3$、铬酸钾(K_2CrO_4)指示剂(50 g/L)、氢氧化钠(2 g/L)、硝酸(1+300 溶液)等。

4.7.3 实训内容

通过硝酸银标准溶液的配制和标定,熟悉 K_2CrO_4 指示剂判断终点的方法及数据处理方法。

4.7.4 实训指导

1. 实训原理

$AgNO_3$ 标准溶液多用分析纯的硝酸银间接配制,再用基准物质标定其浓度,标定 $AgNO_3$ 标准溶液的浓度一般用 NaCl 基准物,以铬酸钾或荧光黄为指示剂确定终点。其标定反应式为

$$Ag^+ + Cl^- \longrightarrow AgCl \downarrow (白色)$$
$$2Ag^+ + CrO_4^{2-} \longrightarrow Ag_2CrO_4 \downarrow (砖红色)$$

2. 实训步骤

(1)氯化钠标准溶液的配制。在分析天平上准确称取基准物氯化钠 0.20~0.25 g 放入烧杯,溶解后定量转入 250 mL 容量瓶中,稀释至刻度,摇匀,定容。计算氯化钠溶液的准确浓度。

(2)硝酸银标准溶液的配制及标定。市售硝酸银,由于其中含有金属银、有机物及不溶物等杂质,通常采用间接法配制。即先配制成近似浓度,再进行标定。在台秤上称取 1.2 g $AgNO_3$,溶于 500 mL 不含 Cl^- 的水中,将溶液转入棕色试剂瓶中,

扫一扫:视频 4-7
硝酸银标准溶液
的配制与标定
(莫尔法)

置于暗处保存，待标定。用移液管移取 25.00 mL NaCl 标准溶液放入 250 mL 锥形瓶中，加入 25 mL 水（沉淀滴定中，为减少沉淀对被测离子的吸附，一般滴定的体积大一些较好，故需加水稀释试液）和 1 mL K_2CrO_4 指示剂，在不断摇动下用 $AgNO_3$ 溶液滴定至刚出现砖红色即终点。记录消耗 $AgNO_3$ 标准溶液的体积。平行标定 3 份。同时用 50.00 mL 蒸馏水，加 1 mL K_2CrO_4 指示剂做空白实验。

（3）计算 $AgNO_3$ 标准溶液的浓度。

$$C(AgNO_3)=\frac{C(NaCl)V(NaCl)}{V(AgNO_3)-V_0}$$

式中　$C(AgNO_3)$——$AgNO_3$ 标准溶液的浓度(mol/L)；
　　　$C(NaCl)$——NaCl 标准溶液的浓度(mol/L)；
　　　$V(NaCl)$——标定时移取 NaCl 标准溶液的体积(mL)；
　　　$V(AgNO_3)$——标定时消耗 $AgNO_3$ 标准溶液的体积(mL)；
　　　V_0——空白实验消耗 $AgNO_3$ 标准溶液的体积(mL)。

4.7.5　技能训练

(1)在规定时间内完成硝酸银标准溶液的配制及标定实验。
(2)计算硝酸银标准溶液的浓度及书写报告，并对本次实验数据进行分析。
(3)遵守安全规程，做到文明操作。

4.7.6　数据记录

硝酸银标准溶液标定数据记录见表 4-13。

表 4-13　硝酸银标准溶液标定数据记录

项目	1	2	3
基准物 NaCl 的质量/g			
滴定消耗 $AgNO_3$ 标准溶液的体积/mL			
滴定时溶液的温度/℃			
溶液温度补正值/(mL·L^{-1})			
滴定管校正值/mL			
实际消耗 $AgNO_3$ 标准溶液的体积/mL			
空白实验消耗 $AgNO_3$ 标准溶液的体积/mL			
$AgNO_3$ 标准溶液的浓度/(mL·L^{-1})			
平均浓度/(mL·L^{-1})			
相对极差/%			

4.7.7 考核标准

硝酸银标准溶液的标定考核要求及评分标准见表 4-14。

表 4-14 硝酸银标准溶液的标定考核要求及评分标准

序号	考核内容	考核要点	配分	评分标准	扣分	得分
1	实验准备	1. 锥形瓶等普通玻璃仪器洗涤； 2. 滴定管的检查与试漏； 3. 仪器洗涤效果	5	有一项不符合标准扣 2 分，扣完为止		
2	物质称量	1. 准备工作： (1)天平罩的取放，水平的检查； (2)天平各部件的检查，清洁； (3)天平零点的调节。 2. 称量操作： (1)称量瓶的取放； (2)天平门的开关； (3)倾样方法及次数(≤4)； (4)称量时间(≤15 min)； (5)称量范围(±10%)。 3. 结束工作	15	有一项不符合标准扣 2 分，称量时间每延长 5 min 扣 2 分，扣完为止		
3	移液	1. 移液管润洗； 2. 手持移液管方法正确； 3. 吸取溶液方法正确、熟练； 4. 移取溶液体积准确； 5. 放出溶液方法正确； 6. 液面降至尖嘴后停留 15 s	10	有一项不符合标准扣 2 分，扣完为止		
4	容量瓶使用	1. 溶液转移方法； 2. 稀释至 2/3 容积时平摇； 3. 定容操作； 4. 摇匀操作	5	有一项不符合标准扣 2 分，扣完为止		
5	滴定	1. 滴定管润洗； 2. 赶气泡； 3. 滴定管读数； 4. 滴定时的正确姿势； 5. 滴定速度的控制； 6. 半滴溶液控制技术； 7. 终点的判断和控制； 8. 是否因使用不当更换滴定管	25	有一项不符合标准扣 3 分，扣完为止		

续表

序号	考核内容	考核要点	配分	评分标准	扣分	得分
6	数据记录处理	1. 数据记录及时，不得涂改； 2. 计算公式及结果正确； 3. 正确保留有效数字； 4. 报告完整、规范、整洁； 5. 计算结果准确度； 6. 计算结果精密度	35	有一项不符合标准扣5分，扣完为止		
7	安全文明操作	1. 实验台面整洁情况； 2. 物品摆放； 3. 玻璃仪器清洗放置情况； 4. 安全操作情况	5	有一项不符合标准扣2分，扣完为止		
8	总分					

4.7.8 思考题

(1)配制好的硝酸银溶液应装在什么试剂瓶中，并放在何处保存？

(2)实验结束后，应立即用什么水将用过的滴定管等仪器冲洗干净？为什么不能用自来水冲洗？

项目 5
化学分析法测定样品含量

1. 能正确选用不同的方法测定样品的含量。
2. 进一步熟悉滴定管、容量瓶、移液管等滴定分析仪器的操作方法。
3. 能对测定数据进行正确的处理，并写出合理的报告。

项目任务

根据每个样品测定的需求、原理对不同的样品选择合理的分析方法，并进行数据处理。

实训任务 5.1 混合碱含量的测定(双指示剂法)

5.1.1 实训目标

(1)熟悉测定混合碱含量的原理及方法。
(2)掌握用双指示剂法测定混合碱含量的方法。
(3)进一步熟悉酚酞、甲基橙指示剂判断终点的方法。

5.1.2 实训仪器及试剂

(1)实训仪器:分析天平、锥形瓶(250 mL)、烧杯(100 mL)、酸式滴定管(50 mL)、容量瓶(250 mL)、移液管(25 mL)。
(2)实训试剂:0.2%酚酞的乙醇溶液、0.1%甲基橙、0.1 mol/L HCl 标准溶液、混合碱样品。

5.1.3 实训内容

(1)通过配制混合碱、盐酸、酚酞、甲基橙指示剂等溶液,学习溶液的配制方法。
(2)通过测定混合碱的含量,学习用双指示剂法测定混合碱含量的方法及实训报告的书写。

5.1.4 实训指导

1. 实训原理

混合碱一般是 Na_2CO_3 与 NaOH 或 Na_2CO_3 与 $NaHCO_3$ 的混合物,可采用双指示剂法测定各组分的含量。

双指示剂法是在混合碱的试液中先加入酚酞指示剂,用 HCl 标准溶液滴定至溶液由红色刚好变为无色,这是第一化学计量点,此时消耗 HCl 的体积为 V_1(mL)。由于酚酞的变色范围为 pH=8~10,此时,试液中所含 NaOH 完全被中和,Na_2CO_3 被中和至 $NaHCO_3$(只中和了一半),其反应式为

$$NaOH + HCl \Longrightarrow NaCl + H_2O$$
$$Na_2CO_3 + HCl \Longrightarrow NaCl + NaHCO_3$$

再加入甲基橙指示剂,继续用 HCl 标准溶液滴定至溶液由黄色变为橙色即终点,这是第二化学计量点,消耗 HCl 的体积为 V_2(mL)。此时 $NaHCO_3$ 被滴定成 H_2CO_3,其反应式为

$$NaHCO_3 + HCl \Longrightarrow NaCl + H_2O + CO_2 \uparrow$$

根据标准溶液的浓度和所消耗的体积,便可计算出混合碱中各组分的含量。

用双指示剂法滴定时，由 V_1 和 V_2 的大小，可以判断出混合碱的组成。当 $V_1 > V_2$ 时，试样为 NaOH 和 Na_2CO_3 的混合物；当 $V_1 < V_2$ 时，试样为 Na_2CO_3 和 $NaHCO_3$ 的混合物。

2. 实训步骤

(1) 样品的配制。准确称取 2.0～2.2 g(准确至 0.1 mg) 混合碱样品于 100 mL 烧杯中，加 50 mL 蒸馏水溶解，然后定量转移至 250 mL 容量瓶，加蒸馏水至刻度，摇匀。

(2) 样品的测定。用 25 mL 移液管移取上述试液 3 份，分别置于 3 个锥形瓶，各加入 2 滴酚酞指示剂，用 HCl 标准溶液滴定至红色恰好消失，记录 HCl 标准溶液的体积 V_1 (mL)。在上述溶液中加入 1～2 滴甲基橙指示剂，继续用 HCl 标准溶液滴定至溶液由黄色变为橙色 30 s 不褪色(接近终点时应剧烈摇动锥形瓶)，即第二终点。记录消耗的 HCl 溶液的体积 V_2 (mL)。平行测定 3 次，并做空白实验。

扫一扫：视频 5-1
混合碱含量的测定

(3) 根据 V_1、V_2 的大小判断混合碱的组成。

(4) 计算混合碱中各组分的含量。

1) 烧碱中 NaOH 和 Na_2CO_3 含量的测定。

$$w(Na_2CO_3) = \frac{\frac{1}{2}C(HCl) \cdot 2V_1 M(Na_2CO_3)}{m_{样} \times 1\,000} \times 100\% = \frac{C(HCl) V_1 M(Na_2CO_3)}{m_{样} \times 1\,000} \times 100\%$$

$$w(NaOH) = \frac{C(HCl)(V_1 - V_2) M(NaOH)}{m_{样} \times 1\,000} \times 100\%$$

式中　$w(Na_2CO_3)$——烧碱中 Na_2CO_3 的质量分数(%)；

$C(HCl)$——HCl 标准溶液的浓度(mol/L)；

$M(Na_2CO_3)$——Na_2CO_3 的摩尔质量(g/mol)；

$m_{样}$——混合碱样品质量；

$M(NaOH)$——NaOH 的摩尔质量(g/mol)；

$w(NaOH)$——烧碱中 NaOH 的质量分数(%)。

2) 纯碱中 Na_2CO_3 和 $NaHCO_3$ 含量的测定。

$$w(Na_2CO_3) = \frac{\frac{1}{2}C(HCl) \cdot 2V_1 M(Na_2CO_3)}{m_{样} \times 1\,000} \times 100\% = \frac{C(HCl) V_1 M(Na_2CO_3)}{m_{样} \times 1\,000} \times 100\%$$

$$w(NaHCO_3) = \frac{C(HCl)(V_2 - V_1) M(NaHCO_3)}{m_{样} \times 1\,000} \times 100\%$$

式中　$w(Na_2CO_3)$——纯碱中 Na_2CO_3 的质量分数(%)；

$w(NaHCO_3)$——纯碱中 $NaHCO_3$ 的质量分数(%)；

$M(NaHCO_3)$——$NaHCO_3$ 的摩尔质量(g/mol)；

其他符号意义同前。

5.1.5 技能训练

（1）在规定时间内完成混合碱含量的测定及实训报告的书写。
（2）遵守安全规程，做到文明操作。

5.1.6 数据记录

混合碱含量测定数据记录见表5-1。

表5-1 混合碱含量测定数据记录

测定序号		1	2	3
盐酸标准溶液的浓度/(mol·L^{-1})				
倾出前混合碱样品+称量瓶质量 m_1/g				
倾出后混合碱样品+称量瓶质量 m_2/g				
混合碱样品质量 m/g				
移取混合碱样品的体积/mL				
酚酞变色	HCl 初读数/mL			
	HCl 终读数/mL			
	V_1(HCl)/mL			
	滴定管体积校正值/mL			
	溶液温度校正值/mL			
	实际消耗标准溶液的体积/mL			
	空白消耗标准溶液的体积/mL			
甲基橙变色	HCl 初读数/mL			
	HCl 终读数/mL			
	V_2(HCl)/mL			
	滴定管体积校正值/mL			
	溶液温度校正值/mL			
	实际消耗标准溶液的体积/mL			
	空白消耗标准溶液的体积/mL			
混合碱组成				
混合碱中各组分含量/%	$w(Na_2CO_3)$			
	$w(NaOH$ 或 $NaHCO_3)$			
平均值/%	$w(Na_2CO_3)$			
	$w(NaOH$ 或 $NaHCO_3)$			
相对极差/%	测定 Na_2CO_3			
	测定 $NaOH$ 或 $NaHCO_3$			

5.1.7 考核标准

混合碱含量测定考核要求及评分标准见表5-2。

表 5-2 混合碱含量测定考核要求及评分标准

序号	考核内容	考核要点	配分	评分标准	扣分	得分
1	实验准备	1. 锥形瓶等普通玻璃仪器洗涤； 2. 滴定管的检查与试漏； 3. 仪器洗涤效果	5	有一项不符合标准扣2分，扣完为止		
2	物质称量	1. 准备工作： (1)天平罩的取放，水平的检查； (2)天平各部件的检查，清洁； (3)天平零点的调节。 2. 称量操作： (1)称量瓶的取放； (2)天平门的开关； (3)倾样方法及次数(≤4)； (4)称量时间(≤15 min)； (5)称量范围(±10%)。 3. 结束工作： (1)天平复原； (2)复查天平零点	15	有一项不符合标准扣2分，称量时间每延长 5 min 扣 2分，扣完为止		
3	移液	1. 移液管润洗； 2. 手持移液管方法正确； 3. 吸取溶液方法正确、熟练； 4. 移取溶液体积准确； 5. 放出溶液方法正确； 6. 液面降至尖嘴后停留 15 s	10	有一项不符合标准扣2分，扣完为止		
4	容量瓶使用	1. 溶液转移方法； 2. 稀释至2/3容积时平摇； 3. 定容操作； 4. 摇匀操作	5	有一项不符合标准扣2分，扣完为止		
5	滴定	1. 滴定管润洗； 2. 赶气泡； 3. 滴定管读数； 4. 滴定时的正确姿势； 5. 滴定速度的控制； 6. 半滴溶液控制技术； 7. 终点的判断和控制； 8. 滴定中是否因使用不当更换滴定管	25	有一项不符合标准扣3分，扣完为止		

续表

序号	考核内容	考核要点	配分	评分标准	扣分	得分
6	数据记录及处理	1. 数据记录及时,不得涂改; 2. 计算公式及结果正确; 3. 正确保留有效数字; 4. 报告完整、规范、整洁; 5. 计算结果准确度; 6. 计算结果精密度	35	有一项不符合标准扣5分,扣完为止		
7	安全文明操作	1. 实验台面整洁情况; 2. 物品摆放; 3. 玻璃仪器清洗放置情况; 4. 安全操作情况	5	有一项不符合标准扣2分,扣完为止		
8	总分					

5.1.8 思考题

(1)Na_2CO_3 是食用碱的主要成分,其中常含有少量的 $NaHCO_3$,能否用酚酞指示剂测定 Na_2CO_3 含量?

(2)为什么移液管必须要用所移取溶液润洗,而锥形瓶不需用所装溶液润洗?

实训任务 5.2　工业硫酸含量的测定

5.2.1　实训目标

(1)掌握测定工业硫酸含量的原理及方法。
(2)学会工业硫酸含量的测定方法。
(3)熟悉工业硫酸含量的计算方法。

5.2.2　实训仪器及试剂

(1)实训仪器：碱式滴定管、移液管、容量瓶、锥形瓶、量筒等。
(2)实训试剂：0.1 mol/L 的 NaOH 标准溶液、甲基红-亚甲基蓝混合指示剂、工业硫酸样品。

5.2.3　实训内容

(1)通过称量硫酸溶液，学习液体的称量方法。
(2)通过配制甲基红-亚甲基蓝混合指示剂，学习混合指示剂的配制方法及终点的判断方法。
(3)通过测定工业硫酸的含量，学习工业浓硫酸含量的测定方法及实训报告的书写。

5.2.4　实训指导

1. 实训原理

硫酸是强酸，由于生成物为强酸强碱盐，可以采用酸碱滴定法直接测定。化学计量点时溶液为中性，指示剂可选用甲基橙或甲基红-亚甲基蓝混合指示剂。用 NaOH 标准溶液直接准确滴定，其反应式为

$$H_2SO_4 + 2NaOH = Na_2SO_4 + 2H_2O$$

选用甲基红-亚甲基蓝混合指示剂，终点时溶液颜色由红紫色变成绿色。根据消耗氢氧化钠体积计算其含量。

2. 实训步骤

(1)0.1 mol/L NaOH 溶液的标定。准确称量干燥基准物质邻苯二甲酸氢钾 3 份，每份 0.4~0.6 g，分别倒入 250 mL 锥形瓶，加 25 mL 无 CO_2 蒸馏水使其充分溶解(如没有完全溶解，可稍微加热)。滴加 1~2 滴酚酞指示剂，用待标定的 NaOH 溶液滴定至溶液呈微红色并保持 30 s 不褪色即终点，计算 NaOH 溶液的浓度。

扫一扫：视频 5-2
工业硫酸含量的测定

(2)工业硫酸含量的测定。用已称量的带磨口盖的小滴瓶,称取约 0.7 g(精确至 0.000 1 g)工业硫酸样品,小心移入盛有 50 mL 水的 250 mL 锥形瓶,冷却至室温后,加 2~3 滴甲基红-亚甲基蓝混合指示剂,用 0.1 mol/L 的 NaOH 标准溶液滴定至溶液由红紫色变成绿色 30 s 不褪色为止。平行测定 3 次,同时做空白实验。

(3)计算硫酸溶液的准确浓度。

$$w(H_2SO_4) = \frac{\frac{1}{2} \times C(V_1 - V_2) \times 10^{-3} \times M(H_2SO_4)}{m_{样}} \times 100\%$$

式中 $w(H_2SO_4)$——工业硫酸试样中硫酸的质量分数(%);

C——NaOH 标准溶液的浓度(mol/L);

V_1——滴定时消耗 NaOH 标准溶液的体积(mL);

V_2——空白时消耗 NaOH 标准溶液的体积(mL);

$M(H_2SO_4)$——硫酸的摩尔质量(g/mol);

$m_{样}$——工业硫酸试样的质量(g)。

5.2.5 技能训练

(1)在规定时间内完成工业硫酸含量的测定及实训报告的书写。
(2)遵守安全规程,做到文明操作。

5.2.6 数据记录

工业硫酸含量测定数据记录见表 5-3。

表 5-3 工业硫酸含量测定数据记录

项目	1	2	3
取样前称量瓶+硫酸质量/g			
取样后称量瓶+硫酸质量/g			
硫酸的质量/g			
测定时溶液的温度/℃			
溶液温度校正值/mL			
滴定管校正值/mL			
消耗 NaOH 标准溶液的体积/mL			
实际消耗 NaOH 标准溶液的体积/mL			
空白消耗 NaOH 标准溶液的体积/mL			
硫酸含量/%			
平均含量/%			
相对极差/%			

5.2.7 考核标准

工业硫酸含量测定考核要求及评分标准见表5-4。

表5-4 工业硫酸含量测定考核要求及评分标准

序号	考核内容	考核要点	配分	评分标准	扣分	得分
1	实验准备	1. 锥形瓶等普通玻璃仪器洗涤; 2. 滴定管的检查与试漏; 3. 仪器洗涤效果	5	有一项不符合标准扣2分,扣完为止		
2	物质称量	1. 准备工作: (1)天平罩的取放,水平的检查; (2)天平各部件的检查,清洁; (3)天平零点的调节。 2. 称量操作: (1)称量瓶的取放; (2)天平门的开关; (3)倾样方法及次数(≤4); (4)称量时间(≤15 min); (5)称量范围(±10%)。 3. 结束工作: (1)天平复原; (2)复查天平零点	20	有一项不符合标准扣2分,称量时间每延长5 min扣2分,扣完为止		
3	滴定	1. 滴定管润洗; 2. 赶气泡; 3. 滴定管读数; 4. 滴定时的正确姿势; 5. 滴定速度的控制; 6. 半滴溶液控制技术; 7. 终点的判断和控制; 8. 滴定中是否因使用不当更换滴定管	30	有一项不符合标准扣3分,扣完为止		
4	数据记录及处理	1. 数据记录及时,不得涂改; 2. 计算公式及结果正确; 3. 正确保留有效数字; 4. 报告完整、规范、整洁; 5. 计算结果准确度; 6. 计算结果精密度	40	有一项不符合标准扣5分,扣完为止		

续表

序号	考核内容	考核要点	配分	评分标准	扣分	得分
5	安全文明操作	1. 实验台面整洁情况; 2. 物品摆放; 3. 玻璃仪器清洗放置情况; 4. 安全操作情况	5	有一项不符合标准扣2分,扣完为止		
6	总分					

5.2.8 思考题

(1)在配制硫酸溶液时,将酸加在水中还是将水加在酸中?为什么?

(2)硫酸稀释时会放出大量的热,是否需要冷却后再滴定或转移至容量瓶中稀释?

实训任务5.3　阿司匹林药片中乙酰水杨酸含量的测定

5.3.1　实训目标

(1)掌握阿司匹林药片中乙酰水杨酸含量测定的原理和方法。
(2)能正确利用滴定分析法分析药片,并对结果进行正确计算。

5.3.2　实训仪器及试剂

(1)实训仪器：分析天平、酸式滴定管、移液管、容量瓶、水浴锅等。
(2)实训试剂：0.1 mol/L NaOH 溶液、0.1 mol/L HCl 溶液、酚酞指示剂、甲基红指示剂、硼砂基准试剂、阿司匹林药片等。

5.3.3　实训内容

(1)通过测定阿司匹林药片中乙酰水杨酸含量，学习返滴定法测定的原理及数据处理技术。
(2)熟悉滴定分析法对药品的分析步骤。

5.3.4　实训指导

1. 实训原理

阿司匹林的主要成分是乙酰水杨酸。乙酰水杨酸是有机弱酸($K_a=1\times10^{-3}$)，微溶于水，易溶于乙醇。在强碱性溶液中溶解并水解为水杨酸和乙酸盐。由于它的 K_a 值较小，可以作为一元弱酸，以酚酞为指示剂，用 NaOH 溶液直接滴定。为了防止乙酰基水解，应在 10 ℃ 以下的中性冷乙醇介质中进行。

但由于药片中一般都添加一定量的硬脂酸镁、淀粉等不溶物，不宜直接滴定，可采用返滴定法进行测定。将药片研磨成粉末状后加入过量的 NaOH 标准溶液，加热一段时间使乙酰基水解完全，再用 HCl 标准溶液回滴过量的 NaOH，滴定至溶液由红色变为接近无色即终点。在滴定反应中，1 mol 乙酰水杨酸消耗 2 mol 的 NaOH。

2. 实训步骤

(1)0.1 mol/L HCl 溶液的标定。用减量法准确称取 0.4～0.6 g 硼砂，置于 250 mL 锥形瓶，加水 50 mL 溶解，滴加 2 滴甲基红指示剂，用 0.1 mol/L HCl 溶液滴定至溶液由黄色变为浅红色即终点。计算 HCl 溶液的浓度，平行滴定 3 份。

(2)药片中乙酰水杨酸含量的测定。将阿司匹林药片研成粉末后，准确称量 0.35～0.45 g 药粉于锥形瓶，用移液管准确加入 40.00 mL 0.1 mol/L NaOH 标准溶液，盖上表面皿，轻摇几下，放在水浴中(15±2)min，其间摇动 2 次，冲洗瓶 1 次，迅速用流水冷却，加入 2~3 滴酚酞指示剂，用 0.1 mol/L HCl 标准溶液滴定至红色刚刚消失即终点。根据所消耗的 HCl 溶液的体积计算药片中乙酰水杨酸的质量分数。其计算公式为

$$w(乙酰水杨酸)=\frac{1/2[40\times1/K-V(HCl)]\times C(HCl)\times M(乙酰水杨酸)}{m(阿司匹林)}\times100\%$$

式中　　m——阿司匹林的质量(g)；

　　　　K——$V(NaOH)/V(HCl)$ 体积比；

　　　　$C(HCl)$——盐酸标准溶液的浓度(mol/L)；

　　　　$M(乙酰水杨酸)$——乙酰水杨酸的摩尔质量(g/mol)；

　　　　$w(乙酰水杨酸)$——乙酰水杨酸的质量分数(%)。

(3)NaOH 标准溶液与 HCl 标准溶液体积比的测定。用移液管准确移取 20.00 mL 0.1 mol/L NaOH 标准溶液于锥形瓶，加入蒸馏水 20 mL，在与测定药粉相同的实验条件下进行加热，冷却后，加入 2~3 滴酚酞指示剂，用 0.1 mol/L HCl 标准溶液滴定至红色刚刚消失即终点，平行测定 3 份，计算 $K=V(NaOH)/V(HCl)$ 的值。

3. 注意事项

需要做空白实验，由于 NaOH 溶液在加热过程中会受空气中二氧化碳的干扰，给测定造成一定程度的系统误差，而在与测定样品相同条件下测定两种溶液的体积比就可以扣除空白值。

5.3.5　技能训练

(1)在规定时间内完成阿司匹林药片中乙酰水杨酸含量测定及实训报告的书写。

(2)遵守安全规程，做到文明操作。

5.3.6　数据记录

$V(NaOH)/V(HCl)$ 体积比数据记录见表 5-5。

表 5-5　$V(NaOH)/V(HCl)$ 体积比数据记录

内容	1	2	3
$V(NaOH)/mL$			
$V(HCl)/mL$			
$V(NaOH)/V(HCl)$			
$V(NaOH)/V(HCl)$平均值			

阿司匹林药片中乙酰水杨酸含量测定数据记录见表 5-6。

表 5-6 阿司匹林药片中乙酰水杨酸含量测定数据记录

内容	1	2	3
移去试样体积/mL			
V(HCl)/mL			
乙酰水杨酸含量/%			
乙酰水杨酸含量平均值/%			
相对平均偏差/%			

5.3.7 考核标准

阿司匹林药片中乙酰水杨酸含量测定考核要求及评分标准见表 5-7。

表 5-7 阿司匹林药片中乙酰水杨酸含量测定考核要求及评分标准

序号	考核内容	考核要点	配分	评分标准	扣分	得分
1	实验准备	1. 药片的预处理； 2. 滴定管的检查与试漏； 3. 仪器洗涤效果	10	有一项不符合标准扣 2 分，扣完为止		
2	物质称量	1. 准备工作： (1)天平罩的取放，水平的检查； (2)天平各部件的检查，清洁； (3)天平零点的调节。 2. 称量操作： (1)称量瓶的取放； (2)天平门的开关； (3)倾样方法及次数(≤4)； (4)称量时间(≤15 min)； (5)称量范围(±10%)。 3. 结束工作： (1)天平复原； (2)复查天平零点	15	有一项不符合标准扣 2 分，称量时间每延长 5 min 扣 2 分，扣完为止		
3	移液	1. 移液管润洗； 2. 手持移液管方法正确； 3. 吸取溶液方法正确、熟练； 4. 移取溶液体积准确； 5. 放出溶液方法正确； 6. 液面降至尖嘴后停留 15 s	10	有一项不符合标准扣 2 分，扣完为止		

续表

序号	考核内容	考核要点	配分	评分标准	扣分	得分
4	滴定	1. 滴定管润洗； 2. 赶气泡； 3. 滴定管读数； 4. 滴定时的正确姿势； 5. 滴定速度的控制； 6. 半滴溶液控制技术； 7. 终点的判断和控制； 8. 滴定中是否因使用不当更换滴定管	25	有一项不符合标准扣3分，扣完为止		
5	数据记录及处理	1. 数据记录及时，不得涂改； 2. 计算公式及结果正确； 3. 正确保留有效数字； 4. 报告完整、规范、整洁； 5. 计算结果准确度； 6. 计算结果精密度	35	有一项不符合标准扣5分，扣完为止		
6	安全文明操作	1. 实验台面整洁情况； 2. 物品摆放； 3. 玻璃仪器清洗放置情况； 4. 安全操作情况	5	有一项不符合标准扣2分，扣完为止		
7	总分					

5.3.8 思考题

(1) 在此实验中，为什么 1 mol 乙酰水杨酸消耗 2 mol NaOH，而不是 3 mol NaOH？回滴后的溶液中，水解产物的存在形式是什么？

(2) 若测定的是乙酰水杨酸纯品（晶体），可否采用直接滴定法？

实训任务 5.4　自来水硬度的测定

5.4.1　实训目标
(1)学会用络合滴定法测定水的总硬度。
(2)进一步熟悉 EDTA 标准溶液的配制、标定方法。
(3)熟悉 KB 指示剂、铬黑 T 指示剂的使用及终点颜色变化的观察。

5.4.2　实训仪器及试剂
(1)实训仪器：台秤、分析天平、酸式滴定管、锥形瓶、移液管(25 mL)、容量瓶(250 mL)、烧杯、试剂瓶、量筒(100 mL)、表面皿。
(2)实训试剂：EDTA(s)(AR)、KB 指示剂、$CaCO_3$(s)(AR)、HCl(1∶1)、三乙醇胺(1∶1)、NH_3-NH_4Cl 缓冲溶液(pH=10)、铬黑 T 指示剂(0.05%)、钙指示剂(s，与 NaCl 粉末 1∶100 混匀)、水样。

5.4.3　实训内容
(1)通过配制氨缓冲、铬黑 T、钙指示剂等溶液，学习配制一般溶液的方法。
(2)通过测定水的硬度，学习络合滴定法的基本原理及指示判断终点的方法。

5.4.4　实训指导

1. 实训原理

水的硬度主要由于水中含有钙盐和镁盐，其他金属离子(如铁、铝、锰、锌等离子)也形成硬度，但一般含量甚少，测定工业用水总硬度时可忽略不计。测定水的硬度常采用综合滴定法，用乙二胺四乙酸二钠盐(EDTA)溶液滴定水中 Ca、Mg 总量，然后换算为相应的硬度单位。在要求不严格的分析中，EDTA 溶液可用直接法配制，但通常采用间接法配制。标定 EDTA 溶液，常用的基准物有 Zn、ZnO、$CaCO_3$、Bi、Cu、$MnSO_4 \cdot 7H_2O$、Ni、Pb 等。为了减小系统误差，本实验中选用 $CaCO_3$ 为基准物，以 KB 为指示剂，进行标定。用 EDTA 溶液滴定至溶液由紫红色变为蓝绿色即终点。

按国际标准方法测定水的总硬度：在 pH=10 的 NH_3-NH_4Cl 缓冲溶液中，以铬黑 T(EBT)为指示剂，用 EDTA 标准溶液滴定至溶液由紫红色变为纯蓝色即终点。滴定过程反应如下：

滴定前：
$$EBT(蓝色)+Mg^{2+}=\!\!=\!\!=Mg\text{-}EBT(紫红色)$$

滴定时：
$$EDTA+Ca^{2+}=\!\!=\!\!=Ca\text{-}EDTA(无色)$$

$$EDTA + Mg^{2+} \rightleftharpoons Mg\text{-}EDTA(无色)$$

终点时:
$$EDTA + Mg\text{-}EBT \rightleftharpoons Mg\text{-}EDTA + EBT$$
(紫红色)   (蓝色)

到达计量点时，呈现指示剂的纯蓝色。

若水样中存在 Fe^{3+}、Al^{3+} 等微量杂质时，可用三乙醇胺进行掩蔽，Cu^{2+}、Pb^{2+}、Zn^{2+} 等重金属离子可用 Na_2S 或 KCN 掩蔽。

水的硬度常以氧化钙的量来表示。各国对水的硬度表示方法不同，我国沿用的硬度表示方法有两种：一种以度(°)计，1 硬度单位表示 10 万份水中含 1 份 CaO(每升水中含 10 mg CaO)，即 1°＝10 mg/L CaO；另一种以 CaO(mmol/L)表示。经过计算，每升水中含有 1 mmol CaO 时，其硬度为 5.6°，硬度(°)计算公式：硬度(°)＝$\dfrac{C(EDTA) \cdot V(EDTA) \cdot M(CaO)}{V(水) \times 10}$，若要测定钙硬度，可控制 pH 值为 12～13，选用钙指示剂进行测定。镁硬度可由总硬度消耗的 EDTA 减去钙硬度消耗的 EDTA 求出。

2. 实训步骤

(1) 0.02 mol/L EDTA 标准溶液的配制和标定。

1) 台秤上称取 4.0 g EDTA 于烧杯中，用少量水加热溶解，冷却后转入 500 mL 试剂瓶中加去离子水稀释至 500 mL。长期放置时应存储于聚乙烯瓶。

2) 准确称取 $CaCO_3$ 基准物 0.50～0.55 g，置于 100 mL 烧杯中，用少量水先润湿，盖上表面皿，慢慢滴加 1∶1 HCl

扫一扫：视频 5-3
自来水硬度的测定

10 mL，待其溶解后，用少量水洗表面皿及烧杯内壁，洗涤液一同转入 250 mL 容量瓶，用水稀释至刻度，摇匀。

3) 移取 25.00 mL $CaCO_3$ 溶液于 250 mL 锥形瓶中，加入 20 mL 氨性缓冲溶液、2～3 滴 KB 指示剂。用 0.02 mol/L EDTA 溶液滴定至溶液由紫红色变为蓝绿色，即终点。平行标定 3 次，同时做空白实验，计算 EDTA 溶液的准确浓度。

(2) 自来水总硬度的测定。取水样 100 mL 于 250 mL 锥形瓶，加入 5 mL 1∶1 三乙醇胺(若水样中含有重金属离子，则加入 1 mL 2% Na_2S 溶液掩蔽)，5 mL 氨性缓冲溶液，2～3 滴铬黑 T(EBT)指示剂，0.005 mol/L EDTA 标准溶液(用 0.02 mol/L EDTA 标准溶液稀释)滴定至溶液由紫红色变为纯蓝色，即终点。注意接近终点时应慢滴多摇。平行测定 3 次，同时做空白实验，计算水的总硬度，以度(°)和 mmol/L 两种方法表示分析结果。

(3) 钙硬度和镁硬度的测定。取水样 100 mL 于 250 mL 锥形瓶中，加入 2 mL 6 mol/L NaOH 溶液，摇匀，再加入 0.01 g 钙指示剂，摇匀后用 0.005 mol/L EDTA 标准溶液滴定至溶液由酒红色变为纯蓝色即终点。平行测定 3 次，同时做空白实验，计算钙硬度。由总硬度和钙硬度求出镁硬度。

(4) 自来水硬度的计算。

$$\rho_{总}(CaO) = \frac{C(EDTA)(V_1 - V_0)M(CaO)}{V_{样}} \times 10^3$$

$$\rho_{钙}(CaO) = \frac{C(EDTA)(V_2 - V'_0)M(CaO)}{V_{样}} \times 10^3$$

$$\rho_{镁}(CaO) = \rho_{总}(CaO) - \rho_{钙}(CaO)$$

式中　$\rho_{总}(CaO)$——水样总硬度(mg/L)；

$\rho_{钙}(CaO)$——水样钙硬度(mg/L)；

$\rho_{镁}(CaO)$——水样镁硬度(mg/L)。

5.4.5　技能训练

(1) 在规定时间内完成自来水总硬度，钙、镁硬度的测定及实训报告的书写。

(2) 遵守安全规程，做到文明操作。

5.4.6　数据记录

EDTA 标准溶液的标定数据记录见表 5-8。

表 5-8　EDTA 标准溶液的标定数据记录

项目	1	2	3
Ca^{2+} 标准溶液的浓度/(mol·L^{-1})			
移去 Ca^{2+} 标准溶液的体积/mL			
滴定消耗 EDTA 的体积/mL			
滴定管校正值/mL			
溶液温度补正值/(mL·L^{-1})			
实际消耗 EDTA 标准溶液的体积/mL			
空白实验消耗 EDTA 标准溶液的体积/mL			
EDTA 标准溶液的浓度/(mol·L^{-1})			
平均浓度/(mol·L^{-1})			
相对极差/%			

水的总硬度的测定数据记录见表 5-9。

表 5-9　水的总硬度的测定数据记录

项目	1	2	3
移取水样体积/mL			
$C(EDTA)$/(mol·L^{-1})			

续表

项目	1	2	3
V_1(EDTA)/mL			
滴定管校正值/mL			
溶液温度补正值/(mL·L^{-1})			
$V_{实}$(EDTA)/mL			
V_0(EDTA)/mL			
水的总硬度/(mg·L^{-1}或°)			
平均总硬度/(mg·L^{-1}或°)			
相对极差/%			

水中钙硬度的测定数据记录见表 5-10。

表 5-10 水中钙硬度的测定数据记录

项目	1	2	3
移取水样体积/mL			
C(EDTA)/(mol·L^{-1})			
V_1(EDTA)/mL			
滴定管校正值/mL			
溶液温度补正值/(mL·L^{-1})			
$V_{实}$(EDTA)/mL			
V_0(EDTA)/mL			
水的钙硬度/(mg·L^{-1}或°)			
平均钙硬度/(mg·L^{-1}或°)			
相对极差/%			

5.4.7 考核标准

自来水硬度测定考核要求及评分标准见表 5-11。

表 5-11 自来水硬度测定考核要求及评分标准

序号	考核内容	考核要点	配分	评分标准	扣分	得分
1	实验准备	1. 锥形瓶等普通玻璃仪器洗涤； 2. 滴定管的检查与试漏； 3. 仪器洗涤效果	5	有一项不符合标准扣 2 分，扣完为止		

续表

序号	考核内容	考核要点	配分	评分标准	扣分	得分
2	物质称量	1. 准备工作： (1)天平罩的取放，水平的检查； (2)天平各部件的检查，清洁； (3)天平零点的调节。 2. 称量操作： (1)称量瓶的取放； (2)天平门的开关； (3)倾样方法及次数(≤4)； (4)称量时间(≤15 min)； (5)称量范围(±10%)。 3. 结束工作： (1)天平复原； (2)复查天平零点	15	有一项不符合标准扣 2 分，称量时间每延长 5 min 扣 2 分，扣完为止		
3	移液	1. 移液管润洗； 2. 手持移液管方法正确； 3. 吸取溶液方法正确、熟练； 4. 移取溶液体积是否准确； 5. 放出溶液方法是否正确； 6. 液面降至尖嘴后停留 15 s	10	有一项不符合标准扣 2 分，扣完为止		
4	容量瓶使用	1. 溶液转移方法； 2. 稀释至 2/3 容积时平摇； 3. 定容操作； 4. 摇匀操作	5	有一项不符合标准扣 2 分，扣完为止		
5	滴定	1. 滴定管润洗； 2. 赶气泡； 3. 滴定管读数； 4. 滴定时的正确姿势； 5. 滴定速度的控制； 6. 半滴溶液控制技术； 7. 终点的判断和控制； 8. 滴定中是否因使用不当更换滴定管	25	有一项不符合标准扣 3 分，扣完为止		
6	数据记录及处理	1. 数据记录及时，不得涂改； 2. 计算公式及结果正确； 3. 正确保留有效数字；	35	有一项不符合扣 5 分，扣完为止		

续表

序号	考核内容	考核要点	配分	评分标准	扣分	得分
6	数据记录及处理	4. 报告完整、规范、整洁； 5. 计算结果准确度； 6. 计算结果精密度	35	有一项不符合标准扣 5 分，扣完为止		
7	安全文明操作	1. 实验台面整洁情况； 2. 物品摆放； 3. 玻璃仪器清洗放置情况； 4. 安全操作情况	5	有一项不符合标准扣 2 分，扣完为止		
8	总分					

5.4.8 思考题

(1) 配制 $CaCO_3$ 溶液和 EDTA 溶液时，各采用何种天平称量？为什么？

(2) 以 HCl 溶液溶解 $CaCO_3$ 基准物质时，操作中应注意哪些问题？

(3) 络合滴定法中为什么要加入缓冲溶液？

(4) 用 EDTA 法测定水的硬度时，哪些离子的存在有干扰？如何消除？

(5) 络合滴定法与酸碱滴定法相比，有哪些不同点？操作中应注意哪些问题？

实训任务 5.5　硫酸镍中镍含量的测定

5.5.1　实训目标
(1)学会用络合滴定法测定硫酸镍中的镍含量。
(2)进一步熟悉 EDTA 标准溶液的配制、标定方法。
(3)熟悉紫脲酸铵指示剂、铬黑 T 指示剂的使用及终点颜色变化的观察。

5.5.2　实训仪器及试剂
(1)实训仪器：台秤、分析天平、酸式滴定管、锥形瓶、移液管(25 mL)、容量瓶(250 mL)、烧杯、试剂瓶、量筒(100 mL)等。
(2)实训试剂：EDTA(s)(AR)、HCl(20%)、氨水(10%)、氨缓冲溶液(pH=10)、铬黑 T 指示剂(5 g/L)、紫脲酸铵指示剂、硫酸镍试样。

5.5.3　实训内容
(1)通过配制氨缓冲溶液、铬黑 T 指示剂、紫脲酸铵指示剂等一般溶液，熟悉溶液的配制方法。
(2)通过测定硫酸镍中镍的含量，熟悉络合滴定法基本原理及紫脲酸铵指示剂判断终点的方法。
(3)通过称量硫酸镍试样，熟悉液体样品的称量方法。

5.5.4　实训指导

1. 实训原理

Ni^{2+} 与 EDTA 按 1∶1 反应。其反应如下：

$$H_2Y^- + Ni^{2+} \rightarrow NiY^{2-} + 2H^+$$

根据 EDTA 的消耗量就可以计算出硫酸镍中镍的含量。

2. 实训步骤

(1)EDTA(0.05 mol/L)标准滴定溶液的标定。称取 1.5 g 于(850±50)℃高温炉中灼烧至恒重的工作基准试剂 ZnO(不得用去皮的方法，否则称量为零分)在 100 mL 小烧杯中，用少量水润湿，加入 20 mL HCl(20%)溶解后，定量转移至 250 mL 容量瓶中，用水稀释至刻度，摇匀。移取 25.00 mL 上述溶液于 250 mL 的锥形瓶中(不得从容量瓶中直接移取溶液)，加 75 mL 水，用氨水溶液(10%)调至溶液 pH 值至 7~8，加 10 mL NH_3-NH_4Cl 缓冲溶液(pH≈10)及 5 滴铬黑 T 指示剂(5 g/L)，用待标定的 EDTA 溶液滴定至溶液由紫色变为纯蓝色。平行测定 3 次，同时做空白实验。再

计算 EDTA 标准滴定溶液的浓度 C(EDTA)，单位为 mol/L。其计算公式

$$C(\text{EDTA}) = \frac{m \times \frac{25.00}{250.0} \times 1\,000}{(V - V_0) \times M(\text{ZnO})}$$

注：[$M(\text{ZnO}) = 81.39$ g/mol]。

(2)硫酸镍试样中镍含量的测定。称取硫酸镍液体样品 x g，精确至 0.000 1 g，加水 70 mL，加入 10 mL NH_3-NH_4Cl 缓冲溶液(pH≈10)及 0.2 g 紫脲酸铵指示剂，摇匀，用 EDTA 标准滴定溶液[$C(\text{EDTA}) = 0.05$ mol/L]滴定至溶液呈蓝紫色。平行测定 3 次。

扫一扫：视频 5-4 硫酸镍中镍含量的测定(直接法)

(3)计算镍的质量分数 $w(\text{Ni})$，以"g/kg"表示。

$$w(\text{Ni}) = \frac{CV \times M(\text{Ni})}{m \times 1\,000} \times 1\,000$$

注：[$M(\text{Ni}) = 58.69$ g/mol]。

5.5.5 技能训练

(1)在规定时间内完成硫酸镍样品中镍含量的测定及实训报告的书写。
(2)遵守安全规程，做到文明操作。

5.5.6 数据记录

EDTA 标准滴定溶液的标定数据记录见表 5-12。

表 5-12 EDTA 标准滴定溶液的标定数据记录

项目	测定次数	1	2	3
基准物称量	m 倾样前/g			
	m 倾样后/g			
	m 样品质量/g			
移取试液体积/mL				
滴定管初读数/mL				
滴定管终读数/mL				
滴定消耗 EDTA 体积/mL				
体积校正值/mL				
溶液温度/℃				
温度补正值				
溶液温度校正值/mL				

续表

项目 \ 测定次数	1	2	3
实际消耗 EDTA 体积/mL			
空白/mL			
$C/(mol·L^{-1})$			
平均 $C/(mol·L^{-1})$			
相对极差/%			

硫酸镍中镍含量的测定见表 5-13。

表 5-13　硫酸镍中镍含量的测定

项目 \ 测定次数		1	2	3
样品的质量	m 倾样前/g			
	m 倾样后/g			
	m 样品的质量/g			
滴定管初读数/mL				
滴定管终读数/mL				
滴定消耗 EDTA 体积/mL				
体积校正值/mL				
溶液温度/℃				
温度补正值				
溶液温度校正值/mL				
实际消耗 EDTA 体积/mL				
$C(EDTA)/(mol·L^{-1})$				
$w(Ni)/(g·kg^{-1})$				
$\overline{w}(Ni)/(g·kg^{-1})$				
相对极差/%				

5.5.7　考核标准

硫酸镍中镍含量测定考核要求及评分标准见表 5-14。

表 5-14　硫酸镍中镍含量测定考核要求及评分标准

序号	考核内容	考核要点	配分	评分标准	扣分	得分
1	实验准备	1. 玻璃仪器洗涤； 2. 滴定管的检查与试漏； 3. 仪器洗涤效果	5	有一项不符合标准扣 2 分，扣完为止		
2	物质称量	1. 准备工作： (1)天平罩的取放，水平的检查； (2)天平各部件的检查、清洁； (3)天平零点的调节。 2. 称量操作： (1)称量瓶的取放； (2)天平门的开关； (3)倾样方法及次数(≤4)； (4)称量时间(≤15 min)； (5)称量范围(±10％)。 3. 结束工作： (1)天平复原； (2)复查天平零点	15	有一项不符合标准扣 2 分，称量时间每延长 5 min 扣 2 分，扣完为止		
3	移液	1. 移液管润洗； 2. 手持移液管方法正确； 3. 吸取溶液方法正确、熟练； 4. 移取溶液体积准确； 5. 放出溶液方法正确； 6. 液面降至尖嘴后停留 15 s	10	有一项不符合标准扣 2 分，扣完为止		
4	容量瓶使用	1. 溶液转移方法； 2. 稀释至 2/3 容积时平摇； 3. 定容操作； 4. 摇匀操作	5	有一项不符合标准扣 2 分，扣完为止		
5	滴定	1. 滴定管润洗； 2. 赶气泡； 3. 滴定管读数； 4. 滴定时的正确姿势； 5. 滴定速度的控制； 6. 半滴溶液控制技术； 7. 终点的判断和控制； 8. 滴定中是否因使用不当更换滴定管	25	有一项不符合标准扣 3 分，扣完为止		

续表

序号	考核内容	考核要点	配分	评分标准	扣分	得分
6	数据记录及处理	1. 数据记录及时，不得涂改； 2. 计算公式及结果正确； 3. 正确保留有效数字； 4. 报告完整、规范、整洁； 5. 计算结果准确度； 6. 计算结果精密度	35	有一项不符合标准扣5分，扣完为止		
7	安全文明操作	1. 实验台面整洁情况； 2. 物品摆放； 3. 玻璃仪器清洗放置情况； 4. 安全操作情况	5	有一项不符合标准扣2分，扣完为止		
8	总分					

5.5.8 思考题

(1)称量液体样品时应注意哪些问题？

(2)硫酸镍中镍含量的测定还可以用什么方法？

实训任务5.6 双氧水中过氧化氢含量的测定

5.6.1 实训目标

(1)掌握高锰酸钾法测定过氧化氢(H_2O_2)含量的原理和方法。
(2)掌握自身指示剂判断滴定终点的方法。

5.6.2 实训仪器及试剂

(1)实训仪器:棕色酸式滴定管、容量瓶、锥形瓶、洗瓶、25 mL 移液管、20 mL 量筒等。
(2)实训试剂:0.02 mol/L $KMnO_4$ 标准溶液、H_2SO_4 溶液(1+15)、H_2O_2 试样(30%,3%)。

5.6.3 实训内容

(1)通过配制高锰酸钾、硫酸、双氧水等一般溶液,熟悉常用溶液的配制方法。
(2)通过称量双氧水的质量,熟悉液体的称量方法。
(3)学会双氧水中过氧化氢含量的测定方法及数据处理方法。

5.6.4 实训指导

1. 实训原理

过氧化氢溶液俗称双氧水,既有氧化性,也有还原性。在酸性溶液中,室温条件下,遇到氧化性比它更强的 $KMnO_4$ 时,可被氧化,其反应式为

$$2MnO_4^- + 5H_2O_2 + 6H^+ = 2Mn^{2+} + 5O_2\uparrow + 8H_2O$$

使用 $KMnO_4$ 标准溶液滴定 H_2O_2 溶液时,开始反应速度较慢,故应缓慢滴定,待有少量 Mn^{2+} 生成后,由于 Mn^{2+} 对反应有催化作用,因此,随着 Mn^{2+} 的生成反应速度逐渐加快。但临近终点时,溶液中 H_2O_2 的浓度很低,反应速度也比较慢。因而临近终点时,滴定速度应慢一些。当溶液由无色变为微红色时即终点。根据 $KMnO_4$ 标准溶液的用量可计算出样品中 H_2O_2 的含量。

市售的双氧水有两种规格:一种是含 H_2O_2 为30%的溶液,另一种是含量为3%的 H_2O_2 溶液。含量为30%的浓双氧水,具有较强的腐蚀性和刺激性,需稀释后方可测定。

2. 实训步骤

(1)高锰酸钾($KMnO_4$)标准溶液的配制与标定(同实训任务4.4)。
(2)双氧水中过氧化氢含量的测定。用减量法准确称取 x g 双氧水试样,精确至 0.000 2 g,置于已加有 30 mL 硫酸溶液(1+15)的锥形瓶中,用 $KMnO_4$ 标准溶液滴定至溶液呈浅粉色,保持 30 s 不褪色即终点。

平行测定 3 次，同时做空白实验。

(3) 计算双氧水中过氧化氢的含量。

1) 30% H_2O_2 溶液中过氧化氢的含量计算公式为

$$\rho(H_2O_2) = \frac{C(KMnO_4) \cdot V(KMnO_4) \cdot M(H_2O_2)}{V(H_2O_2) \times \frac{25}{250}} \times \frac{5}{2}$$

扫一扫：视频 5-5
双氧水中过氧化
氢含量的测定

式中　$\rho(H_2O_2)$ —— 过氧化氢的质量浓度(g/L)；

$C(KMnO_4)$ —— $KMnO_4$ 标准溶液的浓度(mol/L)；

$V(KMnO_4)$ —— 滴定时消耗 $KMnO_4$ 的体积(mL)；

$M(H_2O_2)$ —— H_2O_2 的摩尔质量(g/mol)；

$V(H_2O_2)$ —— 测定时量取过氧化氢试液的体积(mL)。

2) 3% H_2O_2 的含量计算公式为

$$\rho(H_2O_2) = \frac{C(KMnO_4) \cdot V(KMnO_4) \cdot M(H_2O_2)}{V(H_2O_2)} \times \frac{5}{2}$$

3. 注意事项

(1) 移取 H_2O_2 溶液时，注意安全，不可用嘴吸移液管的方法取试样。

(2) 滴定开始反应慢，故 $KMnO_4$ 标准溶液应逐滴加入，若滴定速度过快会使 $KMnO_4$ 在强酸性溶液中来不及与 H_2O_2 反应而发生分解，使测定结果偏低。

(3) H_2O_2 溶液有很强的腐蚀性，应防止溅到皮肤和衣物上。

5.6.5　技能训练

(1) 在规定时间内完成双氧水中过氧化氢含量的测定及实训报告的书写。

(2) 遵守安全规程，做到文明操作。

5.6.6　数据记录

双氧水中过氧化氢含量的测定数据记录见表 5-15。

表 5-15　双氧水中过氧化氢含量的测定数据记录

项目	测定次数	1	2	3	备用
样品的质量	m 倾样前/g				
	m 倾样后/g				
	m 样品的质量/g				
滴定管初读数/mL					
滴定管终读数/mL					

续表

项目 \ 测定次数	1	2	3	备用
滴定消耗 $KMnO_4$ 标准溶液体积/mL				
体积校正值/mL				
溶液温度/℃				
温度补正值				
溶液温度校正值/mL				
实际消耗 $KMnO_4$ 标准溶液体积/mL				
$C(KMnO_4)/(mol \cdot L^{-1})$				
$\rho(H_2O_2)/(g \cdot L^{-1})$				
$\bar{\rho}(H_2O_2)/(g \cdot L^{-1})$				
相对极差/%				

5.6.7 考核标准

双氧水中过氧化氢含量测定考核要求及评分标准见表5-16。

表 5-16 双氧水中过氧化氢含量测定考核要求及评分标准

序号	考核内容	考核要点	配分	评分标准	扣分	得分
1	实验准备	1. 锥形瓶等普通玻璃仪器洗涤； 2. 滴定管的检查与试漏； 3. 仪器洗涤效果	5	有一项不符合标准扣2分，扣完为止		
2	物质称量	1. 准备工作： (1) 天平罩的取放，水平的检查； (2) 天平各部件的检查，清洁； (3) 天平零点的调节。 2. 称量操作： (1) 称量瓶的取放； (2) 天平门的开关； (3) 倾样方法及次数(≤4)； (4) 称量时间(≤15 min)； (5) 称量范围(±10%)。 3. 结束工作	15	有一项不符合标准扣2分，称量时间每延长 5 min 扣 2 分，扣完为止		

续表

序号	考核内容	考核要点	配分	评分标准	扣分	得分
3	移液	1. 移液管润洗； 2. 手持移液管方法正确； 3. 吸取溶液方法正确、熟练； 4. 移取溶液体积准确； 5. 放出溶液方法正确； 6. 液面降至尖嘴后停留 15 s	10	有一项不符合标准扣 2 分，扣完为止		
4	容量瓶使用	1. 溶液转移方法； 2. 稀释至 2/3 容积时平摇； 3. 定容操作； 4. 摇匀操作	5	有一项不符合标准扣 2 分，扣完为止		
5	滴定	1. 滴定管润洗； 2. 赶气泡； 3. 滴定管读数； 4. 滴定时的正确姿势； 5. 滴定速度的控制； 6. 半滴溶液控制技术； 7. 终点的判断和控制； 8. 是否因使用不当更换滴定管	25	有一项不符合标准扣 3 分，扣完为止		
6	数据记录及处理	1. 数据记录及时，不得涂改； 2. 计算公式及结果正确； 3. 正确保留有效数字； 4. 报告完整、规范、整洁； 5. 计算结果准确度； 6. 计算结果精密度	35	有一项不符合标准扣 5 分，扣完为止		
7	安全文明操作	1. 实验台面整洁情况； 2. 物品摆放； 3. 玻璃仪器清洗放置情况； 4. 安全操作情况	5	有一项不符合标准扣 2 分，扣完为止		
8	总分					

5.6.8 思考题

（1）H_2O_2 与 $KMnO_4$ 反应速度较慢，能否通过加热溶液的方法来加快反应？为什么？

（2）除 $KMnO_4$ 法外还有什么方法可以测定 H_2O_2 含量？

实训任务 5.7　铁矿石中全铁含量的测定

5.7.1　实训目标

(1)学会用重铬酸钾法测定硫酸亚铁中的铁含量。
(2)能熟练进行固体样品的处理。
(3)熟悉二苯胺磺酸钠指示剂的使用及终点颜色变化的观察。

5.7.2　实训仪器及试剂

(1)实训仪器：分析天平、烧杯、容量瓶、酸式滴定管、表面皿、锥形瓶等。
(2)实训试剂：固体 $K_2Cr_2O_7$（基准物）、铁试样；盐酸溶液（1∶1）、10%的 $SnCl_2$ 溶液、$TiCl_3$ 溶液（取 $TiCl_3$ 10 mL，用 5∶95 盐酸溶液稀释至 100 mL）、硫-磷混合酸（H_2SO_4、H_3PO_4、H_2O 的体积比为 2∶3∶5）、25%的钨酸钠溶液、二苯胺磺酸钠指示剂（0.2%的水溶液）。

5.7.3　实训内容

(1)通过配制硫酸+磷酸混合酸、二苯胺磺酸钠指示剂、钨酸钠等溶液，熟悉常用溶液的配制方法。
(2)通过测定铁矿石中铁的含量，学习重铬酸钾法的基本原理及二苯胺磺酸钠指示剂判断终点的方法。

5.7.4　实训指导

1. 实训原理

铁矿石经硫磷混合酸及硝酸溶解后，首先用 $SnCl_2$ 将大部分 Fe^{3+} 还原，为了控制 $SnCl_2$ 的用量，当加入 $SnCl_2$ 使溶液呈现浅黄色（说明溶液中尚有少量 Fe^{3+}），再以钨酸钠为指示剂，用 $TiCl_3$ 还原剩余的 Fe^{3+} 至蓝色的钨出现，此时表明 Fe^{3+} 已全部还原，为了使反应完全，$TiCl_3$ 要过量，稍过量的 $TiCl_3$ 在微量 Cu^{2+} 的催化下加水稀释，滴加稀重铬酸钾（$K_2Cr_2O_7$）至蓝色刚好褪去，以除去过量的 $TiCl_3$，再以二苯胺磺酸钠为指示剂，用重铬酸钾滴定至溶液出现紫色即终点。

其主要反应式为

$$2Fe^{3+}+Sn^{2+}=2Fe^{2+}+Sn^{4+}$$
$$Fe^{3+}（剩余）+Ti^{3+}=Fe^{2+}+Ti^{4+}$$
$$6Fe^{2+}+Cr_2O_7^{2-}+14H^+=6Fe^{3+}+2Cr^{3+}+7H_2O$$

2. 实训步骤

(1)重铬酸钾标准溶液的配制。用分析天平准确称取已在（120±2）℃的电烘箱中干燥至恒量的基准试剂 $K_2Cr_2O_7$ 约 1.4 g(±0.000 1 g),置于 100 mL 烧杯中,加入少量蒸馏水,溶解后,定量转移至 250 mL 容量瓶中,并稀释至刻度,充分摇匀。然后转移到试剂瓶,贴上标签。

扫一扫:视频 5-6
铁矿石中铁含量的测定

计算 $K_2Cr_2O_7$ 标准滴定溶液浓度,其计算公式为

$$C(\frac{1}{6}K_2Cr_2O_7)=\frac{m(K_2Cr_2O_7)}{M(\frac{1}{6}K_2Cr_2O_7) \times V_{实} \times 10^{-3}}$$

式中 $C(\frac{1}{6}K_2Cr_2O_7)$ —— $\frac{1}{6}K_2Cr_2O_7$ 标准滴定溶液的浓度$(mol \cdot L^{-1})$;

$V_{实}$ —— 250 mL 容量瓶实际体积(mL);

$m(K_2Cr_2O_7)$ —— 基准物 $K_2Cr_2O_7$ 的质量(g);

$M(\frac{1}{6}K_2Cr_2O_7)$ —— $\frac{1}{6}K_2Cr_2O_7$ 摩尔质量,49.031 g/mol。

(2)铁矿石中铁的测定。矿样预先在 120 ℃ 烘箱中烘 1~2 h,放入干燥器中冷却 30~40 min 后,准确称取 0.23~0.30 g 矿样 3 份于 250 mL 锥形瓶中,用少量水润湿,加入 10 mL 浓 HCl 溶液,盖上表面皿,加热使矿样溶解(残渣为白色或接近白色),若有带色不溶残渣,可滴加 $SnCl_2$ 使溶液呈现浅黄色。然后,用洗瓶冲洗表面皿及瓶壁,并加入 10 mL 水、10~15 滴钨酸钠溶液,滴加 $TiCl_3$ 至溶液出现钨蓝。再加入蒸馏水 20~30 mL,随后摇动溶液,使钨蓝被氧化,或滴加稀 $K_2Cr_2O_7$ 标准溶液至钨蓝刚好消失。加入 10 mL 硫-磷混合酸及 5 滴二苯胺磺酸钠,立即用 $K_2Cr_2O_7$ 标准溶液滴定至溶液出现紫色,即终点,记录数据。平行测定 3 次,同时做空白实验。

根据 $K_2Cr_2O_7$ 的体积及浓度计算铁矿石中铁的含量。其计算公式为

$$w(Fe)=\frac{6 \times C(K_2Cr_2O_7) \times (V-V_0) \times 10^{-3} \times M(Fe)}{m} \times 100\%$$

式中 $C(K_2Cr_2O_7)$ —— $K_2Cr_2O_7$ 标准溶液的浓度(mol/L);

V —— 滴定至终点时消耗 $K_2Cr_2O_7$ 标准溶液的体积(mL);

V_0 —— 空白实验消耗 $K_2Cr_2O_7$ 标准溶液的体积(mL);

m —— 铁矿石试样的质量(g);

$M(Fe)$ —— Fe 的摩尔质量(g/mol)。

5.7.5 技能训练

(1)在规定时间内完成铁矿石中铁含量的测定及实训报告的书写。
(2)遵守安全规程,做到文明操作。

5.7.6 数据记录

铁矿石中铁含量的测定记录见表 5-17。

表 5-17　铁矿石中铁含量的测定记录

项目	测定次数	1	2	3
样品质量	称取样品前质量/g			
	称取样品后质量/g			
	铁矿石的质量/g			
滴定管体积初读数/mL				
滴定管体积终读数/mL				
消耗 $K_2Cr_2O_7$ 标准溶液的体积/mL				
滴定管校正值/mL				
溶液温度/℃				
溶液温度补正值/(mL·L^{-1})				
溶液温度校正值/mL				
实际消耗 $K_2Cr_2O_7$ 标准溶液的体积/mL				
空白消耗 $K_2Cr_2O_7$ 标准溶液的体积/mL				
铁矿石中铁的含量/%				
铁矿石中铁的平均含量/%				
相对极差/%				

5.7.7　考核标准

铁矿石中铁含量测定考核要求及评分标准见表 5-18。

表 5-18　铁矿石中铁含量测定考核要求及评分标准

序号	考核内容	考核要点	配分	评分标准	扣分	得分
1	实验准备	1. 玻璃仪器洗涤； 2. 滴定管的检查与试漏； 3. 试样的处理	5	有一项不符合标准扣 2 分，扣完为止		
2	物质称量	1. 准备工作： (1)天平罩的取放，水平的检查； (2)天平各部件的检查，清洁； (3)天平零点的调节。 2. 称量操作： (1)称量瓶的取放； (2)天平门的开关； (3)倾样方法及次数(≤4)；	15	有一项不符合标准扣 2 分，称量时间每延长 5 min 扣 2 分，扣完为止		

续表

序号	考核内容	考核要点	配分	评分标准	扣分	得分
2	物质称量	(4)称量时间(≤15 min); (5)称量范围(±10%)。 3. 结束工作: (1)天平复原; (2)复查天平零点	15	有一项不符合标准扣2分,称量时间每延长5 min扣2分,扣完为止		
3	容量瓶使用	1. 溶液转移方法; 2. 稀释至2/3容积时平摇; 3. 定容操作; 4. 摇匀操作	10	有一项不符合标准扣2分,扣完为止		
4	滴定	1. 滴定管润洗; 2. 赶气泡; 3. 滴定管读数; 4. 滴定时的正确姿势; 5. 滴定速度的控制; 6. 半滴溶液控制技术; 7. 终点的判断和控制; 8. 更换滴定管	30	有一项不符合标准扣3分,扣完为止		
5	数据记录及处理	1. 数据记录及时,不得涂改; 2. 计算公式及结果正确; 3. 正确保留有效数字; 4. 报告完整、规范、整洁; 5. 计算结果准确度; 6. 计算结果精密度	35	有一项不符合标准扣5分,扣完为止		
6	安全文明操作	1. 实验台面整洁情况; 2. 物品摆放; 3. 玻璃仪器清洗放置情况; 4. 安全操作情况	5	有一项不符合标准扣2分,扣完为止		
7	总分					

5.7.8 思考题

(1)测定时,硫磷混合酸有什么作用?

(2)测定铁矿石中铁的含量时,滴加 $TiCl_3$ 为什么要过量?

实训任务 5.8　酱油中氯化钠含量的测定

5.8.1　实训目标

(1)掌握用佛尔哈德法测定酱油中氯化钠含量的原理和方法。
(2)熟悉铁铵矾指示剂的配制及终点的判断方法。
(3)会用佛尔哈德法测定酱油中的氯化钠含量。

5.8.2　实训仪器及试剂

(1)实训仪器:分析天平、容量瓶(100 mL)、50 mL 棕色酸式滴定管、25 mL 移液管、锥形瓶、烧杯等。

(2)实训试剂:$AgNO_3$(s),80 g/L 铁铵矾指示剂(8 g 铁铵矾溶于水中,加浓硝酸至溶液几乎无色,用水稀释到 100 mL),6 mol/L 的 HNO_3 溶液,固体 NH_4SCN,硝基苯、基准物 NaCl(500 ℃~600 ℃灼烧至恒重),酱油试样等。

5.8.3　实训内容

(1)通过配制铁铵矾指示剂、基准物 NaCl、HNO_3 等溶液,学习一般溶液的配制方法。

(2)通过酱油中氯化钠含量的测定,学习佛尔哈德法的基本原理及铁铵矾指示剂判断终点的方法。

5.8.4　实训指导

1. 实训原理

(1)标定原理:用铁铵矾做指示剂,用待标定的 NH_4SCN 标准溶液直接滴定一定体积的 $AgNO_3$ 标准溶液,当溶液出现血红色即终点。其反应式为

$$SCN^- + Ag^+ = AgSCN\downarrow$$
$$SCN^- + Fe^{3+} = [Fe(SCN)]^{2+}(血红色)$$

(2)测定原理:在 HNO_3 介质中,加入过量的 $AgNO_3$ 标准溶液,然后加入铁铵矾指示剂,用 NH_4SCN 标准溶液返滴定过量的 $AgNO_3$ 至溶液出现血红色,即终点。

为了使测定准确,加入硝基苯将 AgCl 沉淀包住,阻止沉淀转化。

扫一扫:视频 5-7
酱油中氯化钠含
量的测定

2. 实训步骤

(1)0.02 mol/L $AgNO_3$ 标准溶液的配制。称取 1.7 g $AgNO_3$，溶于 500 mL 不含 Cl^- 的蒸馏水中，将溶液储存于带玻璃塞的棕色试剂瓶中，置于暗处保存，以免见光分解。

(2)0.02 mol/L NH_4SCN 标准溶液的配制。称取一定量的分析纯 NH_4SCN，溶于一定体积不含 Cl^- 的蒸馏水中，稀释至所需体积，转入带玻璃塞的试剂瓶，摇匀、待标定。

(3)用佛尔哈德法标定 $AgNO_3$ 溶液和 NH_4SCN 溶液。

1)测定 $AgNO_3$ 溶液和 NH_4SCN 溶液的体积比 K。由滴定管准确放出 20~25 mL（记为 V_1）$AgNO_3$ 溶液于锥形瓶中，加入 5 mL 6 mol/L 的 HNO_3 溶液，加入 1 mL 铁铵矾指示剂，在剧烈摇动下，用 NH_4SCN 溶液滴定，直到出现淡红色并继续振荡不再消失为止，记录消耗 NH_4SCN 的体积 V_2。计算 1 mL NH_4SCN 溶液相当于 $AgNO_3$ 溶液的体积，用 K 表示：$K = V_1/V_2$

2)用佛尔哈德法标定 $AgNO_3$ 溶液。准确称取 0.25~0.30 g NaCl 基准物于小烧杯中，用 100 mL 不含 Cl^- 的蒸馏水溶解后，定量转入 250 mL 容量瓶，加水稀释至刻度，摇匀。

用移液管移取 25.00 mL NaCl 标准溶液放入 250 mL 锥形瓶，加入 5 mL 6 mol/L 的 HNO_3 溶液，在剧烈摇动下，由滴定管准确放出 45~50 mL（记为 V_3）$AgNO_3$ 溶液，此时生成 AgCl 沉淀，加入 1 mL 铁铵矾指示剂，再加入 5 mL 硝基苯或邻苯二甲酸二丁酯，用 NH_4SCN 溶液滴定至出现淡红色，并在轻微振荡下淡红色不再消失即终点。记录消耗 NH_4SCN 溶液的体积 V_4。平行测定 3 次，同时做空白实验，求出 NH_4SCN 溶液的准确浓度。

(4)酱油中 NaCl 含量的测定。准确称取酱油样品 5.00 g（准确至 0.000 2 g），定量移入 250 mL 容量瓶，加去离子水稀释至刻度，摇匀。准确移取稀释后酱油样品 10.00 mL 置于 250 mL 锥形瓶，加水 50 mL、6 mol/L HNO_3 溶液 15 mL 及 0.02 mol/L $AgNO_3$ 标准溶液 25.00 mL，再加硝基苯 5 mL，用力振荡摇匀。待 AgCl 沉淀凝聚后，加入 5 mL 铁铵矾指示液 5 mL，用 0.02 mol/L NH_4SCN 标准溶液滴定至溶液出现血红色为终点。记录消耗的 NH_4SCN 标准溶液体积，平行测定 3 次，同时做空白实验，计算试样中 NaCl 的含量。

(5)酱油中 NaCl 含量的计算。

1)$AgNO_3$、NH_4SCN 标准溶液的浓度计算。其计算式为

$$C(AgNO_3) = \frac{m(NaCl) \times 25.00/250 \times 1\,000}{M(NaCl)(V_3 - V_4 K)}$$

$$C(NH_4SCN) = C(AgNO_3) K$$

2)酱油中 NaCl 含量的计算。其计算式为

$$w(NaCl) = \frac{C(AgNO_3)V(AgNO_3) - C(NH_4SCN)[V(NH_4SCN) - V_0]}{m \times \frac{10}{250}} \times M(NaCl) \times 100\%$$

或

$$w(\mathrm{NaCl}) = \frac{C(\mathrm{AgNO_3})V(\mathrm{AgNO_3}) - K[V(\mathrm{NH_4SCN}) - V_0]}{m \times \frac{10.00}{250}} \times M(\mathrm{NaCl}) \times 100\%$$

式中 $w(\mathrm{NaCl})$——试样中 NaCl 的质量分数(%);

$C(\mathrm{AgNO_3})$——$\mathrm{AgNO_3}$ 标准溶液的浓度(mol/L);

$V(\mathrm{AgNO_3})$——实际加入 $\mathrm{AgNO_3}$ 标准溶液的体积(mL);

$C(\mathrm{NH_4SCN})$——$\mathrm{NH_4SCN}$ 标准溶液的浓度(mol/L);

$V(\mathrm{NH_4SCN})$——实际消耗 $\mathrm{NH_4SCN}$ 标准溶液的体积(mL);

V_0——空白实验消耗 $\mathrm{NH_4SCN}$ 标准溶液的体积(mL);

m——试样质量(g);

K——$\mathrm{AgNO_3}$ 溶液和 $\mathrm{NH_4SCN}$ 溶液的体积比;

$M(\mathrm{NaCl})$——NaCl 的质量(g/mol)。

5.8.5 技能训练

(1)在规定时间内完成酱油中氯化钠含量的测定及实训报告的书写。

(2)遵守安全规程,做到文明操作。

5.8.6 数据记录

佛尔哈德法标定 $\mathrm{AgNO_3}$ 溶液的数据记录见表 5-19。

表 5-19 佛尔哈德法标定 $\mathrm{AgNO_3}$ 溶液的数据记录

项目	1	2	3
$V_1(\mathrm{AgNO_3})$标准溶液的体积/mL			
滴定前 $V_2(\mathrm{NH_4SCN})$/mL			
终点 $V_2(\mathrm{NH_4SCN})$/mL			
$V_2(\mathrm{NH_4SCN})$/mL			
K			
平均 K			
倾出前 $m(\mathrm{NaCl})$/g			
倾出后 $m(\mathrm{NaCl})$/g			
$m(\mathrm{NaCl})$/g			
$V_3(\mathrm{AgNO_3})$/mL			
滴定前 $V_4(\mathrm{NH_4SCN})$/mL			
终点 $V_4(\mathrm{NH_4SCN})$/mL			
$V_4(\mathrm{NH_4SCN})$/mL			
$C(\mathrm{AgNO_3})/(\mathrm{mol \cdot L^{-1}})$			

续表

项目	1	2	3
平均值/(mol·L^{-1})			
相对极差/%			

酱油中氯化钠含量的测定数据记录见表 5-20。

表 5-20 酱油中氯化钠含量的测定数据记录

项目	1	2	3
称取酱油的质量/g			
移取酱油溶液的体积/mL			
加入 AgNO$_3$ 标准溶液的体积/mL			
溶液温度补正值/(mL·L^{-1})			
滴定管校正值/mL			
加入 AgNO$_3$ 标准溶液的实际体积/mL			
滴定消耗 NH$_4$SCN 标准溶液的体积/mL			
空白消耗 NH$_4$SCN 标准溶液的体积/mL			
溶液温度补正值/(mL·L^{-1})			
滴定管校正值/mL			
实际消耗 NH$_4$SCN 标准溶液的体积/mL			
酱油中 NaCl 的含量/%			
酱油中 NaCl 含量的平均值/%			
相对极差/%			

注：酱油中 NaCl 含量的测定国家标准为《酿造酱油》(GB 18186—2000)

5.8.7 考核标准

酱油中氯化钠含量测定考核要求及评分标准见表 5-21。

表 5-21 酱油中氯化钠含量测定考核要求及评分标准

序号	考核内容	考核要点	配分	评分标准	扣分	得分
1	实验准备	1. 玻璃仪器洗涤； 2. 滴定管的检查与试漏； 3. 仪器洗涤效果	5	有一项不符合标准扣 2 分，扣完为止		

续表

序号	考核内容	考核要点	配分	评分标准	扣分	得分
2	物质称量	1. 准备工作： (1)天平罩的取放，水平的检查； (2)天平各部件的检查，清洁； (3)天平零点的调节。 2. 称量操作： (1)称量瓶的取放； (2)天平门的开关； (3)倾样方法及次数(≤4)； (4)称量时间(≤15 min)； (5)称量范围(±10%)。 3. 结束工作： (1)天平复原； (2)复查天平零点	15	有一项不符合标准扣2分，称量时间每延长5 min扣2分，扣完为止		
3	移液	1. 移液管润洗； 2. 手持移液管方法正确； 3. 吸取溶液方法正确、熟练； 4. 移取溶液体积准确； 5. 放出溶液方法正确； 6. 液面降至尖嘴后停留15 s	10	有一项不符合标准扣2分，扣完为止		
4	容量瓶使用	1. 溶液转移方法； 2. 稀释至2/3容积时平摇； 3. 定容操作； 4. 摇匀操作	5	有一项不符合标准扣2分，扣完为止		
5	滴定	1. 滴定管润洗； 2. 赶气泡； 3. 滴定管读数； 4. 滴定时的正确姿势； 5. 滴定速度的控制； 6. 半滴溶液控制技术； 7. 终点的判断和控制； 8. 滴定中是否因使用不当更换滴定管	25	有一项不符合标准扣3分，扣完为止		
6	数据记录及处理	1. 数据记录及时，不得涂改； 2. 计算公式及结果正确； 3. 正确保留有效数字；	35	有一项不符合标准扣5分，扣完为止		

续表

序号	考核内容	考核要点	配分	评分标准	扣分	得分
6	数据记录及处理	4. 报告完整、规范、整洁； 5. 计算结果准确度； 6. 计算结果精密度	35	有一项不符合标准扣5分，扣完为止		
7	安全文明操作	1. 实验台面整洁情况； 2. 物品摆放； 3. 玻璃仪器清洗放置情况； 4. 安全操作情况	5	有一项不符合标准扣2分，扣完为止		
8	总分					

5.8.8 思考题

(1)滴定为什么必须在酸性溶液中进行？

(2)滴定过程中为什么要剧烈摇动溶液？

实训任务5.9 水中氯离子含量的测定

5.9.1 实训目标

(1)掌握用莫尔法测定水中氯离子含量的原理及方法。
(2)能熟练配制和标定硝酸银标准溶液。
(2)熟悉铬酸钾指示剂的配制、使用及终点的判断。

5.9.2 实训仪器及试剂

(1)实训仪器：分析天平、台秤、容量瓶(250 mL)、50 mL 棕色酸式滴定管、25 mL 移液管、锥形瓶、试剂瓶(500 mL 棕色)等。
(2)实训试剂：NaCl 基准物质、固体 $AgNO_3$、K_2CrO_4 指示剂(50 g/L)、氢氧化钠(2 g/L)、硝酸(1+300)溶液等。

5.9.3 实训内容

(1)通过配制硝酸银、铬酸钾指示剂等溶液，学习溶液的配制方法。
(2)通过测定水中氯离子的含量，学习莫尔法测定水中氯化钠含量的方法及铬酸钾指示剂判断终点的方法。

5.9.4 实训指导

1. 实训原理

某些可溶性氯化物中氯含量的测定常用银量法，银量法对离子的测定有直接法和间接法两种。本实验采用莫尔法(直接法)。莫尔法是在中性或弱碱性溶液中，以 K_2CrO_4 为指示剂，用 $AgNO_3$ 标准溶液进行滴定。由于 AgCl 沉淀的溶解度小于 Ag、CrO_4 的溶解度，因此，溶液中首先析出 AgCl 沉淀。当 AgCl 定量沉淀后，稍微过量的 $AgNO_3$ 溶液即与 CrO_4^{2-} 生成砖红色 Ag_2CrO_4 沉淀，指示终点的到达。其主要反应式为

$$Ag^+ + Cl^- = AgCl\downarrow (白色) \qquad K_{sp}=1.8\times 10^{-10}$$
$$2Ag^+ + CrO_4^{2-} = Ag_2CrO_4\downarrow (砖红色) \qquad K_{sp}=2.0\times 10^{-12}$$

滴定必须在中性或弱碱性溶液中进行，最适宜的 pH 值范围为 6.5~10.5。如果溶液中有铵盐存在，溶液的 pH 值需控制为 6.5~7.2。

2. 实训步骤

(1)氯化钠标准溶液的配制。在分析天平上准确称取基准物氯化钠 0.20~0.25 g 于烧杯中，溶解后定量转入 250 mL 容量瓶，稀释至刻度，摇匀，定容。计算氯化钠溶液的准确浓度。

(2)硝酸银标准溶液的配制及标定。市售硝酸银，由于其中含有金属银、有机物及不溶物等杂质，通常采用间接法配制。即先配制成近似浓度，再进行标定。在台秤上称取 1.2 g $AgNO_3$，溶于 500 mL 不含 Cl^- 的水中，将溶液转入棕色试剂瓶中，置于暗处保存，待标定。用移液管移取 25.00 mL NaCl 标准溶液放入 250 mL 锥形瓶，加入 25 mL 水(沉淀滴定中，为减少沉淀对被测离子的吸附，一般滴定的体积大一些较好，故需要加水稀释试液)和 1 mL K_2CrO_4 指示剂，在不断摇动下用 $AgNO_3$ 溶液滴定至刚出现砖红色即终点。记录消耗 $AgNO_3$ 标准溶液的体积。平行标定 3 份。同时用 50.00 mL 蒸馏水，加 1 mL K_2CrO_4 指示剂做空白实验。根据消耗 $AgNO_3$ 溶液的体积和 NaCl 标准溶液的浓度，计算 $AgNO_3$ 标准溶液的浓度。

(3)水样中氯离子含量的测定。准确吸取 50.00 mL 水样(若水样中氯化钠含量较高，可取适量水样，用蒸馏水稀释至 50 mL)，置于 250 mL 锥形瓶，加入两滴酚酞指示剂，用氢氧化钠溶液或硝酸溶液调至红色刚好变为无色，加入 1 mL K_2CrO_4 指示剂，在不断摇动下用 $AgNO_3$ 溶液滴定至刚出现砖红色即终点。记录消耗 $AgNO_3$ 标准溶液的体积。平行标定 3 份。同时用 50.00 mL 蒸馏水做空白实验。

实验完毕后，将装 $AgNO_3$ 溶液的滴定管先用蒸馏水冲洗 2～3 次后，再用自来水洗净，以免 AgCl 残留于管内。

(4)结果计算。

1)硝酸银标准溶液的浓度。其计算公式为

$$C(AgNO_3) = \frac{C(NaCl)V(NaCl)}{V(AgNO_3) - V_0}$$

式中　$C(AgNO_3)$——$AgNO_3$ 标准溶液的浓度(mol/L)；

$C(NaCl)$——NaCl 标准溶液的浓度(mol/L)；

$V(NaCl)$——标定时移取 NaCl 标准溶液的体积(mL)；

$V(AgNO_3)$——标定时消耗 $AgNO_3$ 标准溶液的体积(mL)；

V_0——空白实验消耗 $AgNO_3$ 标准溶液的体积(mL)。

2)水样中氯离子的含量，其计算公式为

$$\rho(Cl^-) = \frac{C(AgNO_3)[V(AgNO_3) - V_0]M(Cl^-)}{V(水样) \times 10^{-3}}$$

式中　$\rho(Cl^-)$——水样中氯离子的质量浓度(mg/L)；

$C(AgNO_3)$——$AgNO_3$ 标准溶液的浓度(mol/L)；

$V(AgNO_3)$——滴定时消耗 $AgNO_3$ 标准溶液的体积(mL)；

V_0——空白实验消耗 $AgNO_3$ 标准溶液的体积(mL)；

$M(Cl^-)$——Cl^- 的摩尔质量(g/mol)；

$V(水样)$——移取水样的体积(mL)。

5.9.5　技能训练

(1)在规定时间内完成水中氯离子含量的测定及实训报告的书写。

(2)遵守安全规程，做到文明操作。

5.9.6 数据记录

硝酸银标准溶液标定数据记录见表 5-22。

表 5-22 硝酸银标准溶液标定数据记录

项目	1	2	3
基准物 NaCl 的质量/g			
滴定消耗 $AgNO_3$ 标准溶液的体积/mL			
滴定时溶液的温度/℃			
溶液温度补正值/(mL·L^{-1})			
滴定管校正值/mL			
实际消耗 $AgNO_3$ 标准溶液的体积/mL			
空白实验消耗 $AgNO_3$ 标准溶液的体积/mL			
$AgNO_3$ 标准溶液的浓度/(mol·L^{-1})			
平均浓度/(mol·L^{-1})			
相对极差/%			

水样中氯离子含量的测定数据记录见表 5-23。

表 5-23 水样中氯离子含量的测定数据记录

项目	1	2	3
吸取水样的体积/g			
滴定消耗 $AgNO_3$ 标准溶液的体积/mL			
滴定时溶液的温度/℃			
溶液温度补正值/(mL·L^{-1})			
滴定管校正值/mL			
实际消耗 $AgNO_3$ 标准溶液的体积/mL			
空白实验消耗 $AgNO_3$ 标准溶液的体积/mL			
水样中氯离子的含量/(mg·L^{-1})			
平均值/(mg·L^{-1})			
相对极差/%			

5.9.7 考核标准

水样中氯离子含量测定考核要求及评分标准见表 5-24。

表 5-24　水样中氯离子含量测定考核要求及评分标准

序号	考核内容	考核要点	配分	评分标准	扣分	得分
1	实验准备	1. 玻璃仪器洗涤； 2. 滴定管的检查与试漏； 3. 仪器洗涤效果	5	有一项不符合标准扣2分，扣完为止		
2	物质称量	1. 准备工作： (1)天平罩的取放，水平的检查； (2)天平各部件的检查，清洁； (3)天平零点的调节。 2. 称量操作： (1)称量瓶的取放； (2)天平门的开关； (3)倾样方法及次数(≤4)； (4)称量时间(≤15 min)； (5)称量范围(±10%)。 3. 结束工作： (1)天平复原； (2)复查天平零点	15	有一项不符合标准扣2分，称量时间每延长5 min扣2分，扣完为止		
3	移液	1. 移液管润洗； 2. 手持移液管方法正确； 3. 吸取溶液方法正确、熟练； 4. 移取溶液体积准确； 5. 放出溶液方法正确； 6. 液面降至尖嘴后停留15 s	10	有一项不符合标准扣2分，扣完为止		
4	容量瓶使用	1. 溶液转移方法； 2. 稀释至2/3容积时平摇； 3. 定容操作； 4. 摇匀操作	5	有一项不符合标准扣2分，扣完为止		
5	滴定	1. 滴定管润洗； 2. 赶气泡； 3. 滴定管读数； 4. 滴定时的正确姿势； 5. 滴定速度的控制； 6. 半滴溶液控制技术； 7. 终点的判断和控制； 8. 滴定中是否因使用不当更换滴定管	25	有一项不符合标准扣3分，扣完为止		

续表

序号	考核内容	考核要点	配分	评分标准	扣分	得分
6	数据记录及处理	1. 数据记录及时，不得涂改； 2. 计算公式及结果正确； 3. 正确保留有效数字； 4. 报告完整、规范、整洁； 5. 计算结果准确度； 6. 计算结果精密度	35	有一项不符合标准扣 5 分，扣完为止		
7	安全文明操作	1. 实验台面整洁情况； 2. 物品摆放； 3. 玻璃仪器清洗放置情况； 4. 安全操作情况	5	有一项不符合标准扣 2 分，扣完为止		
8	总分					

5.9.8 思考题

（1）使用莫尔法测定水中氯离子含量时，为什么溶液的 pH 值需控制为 6.5～10.5，滴定过程中为什么要剧烈摇动？

（2）配制好的硝酸银溶液应装在什么颜色的试剂瓶中？为什么？

（3）实验结束后，为什么要立即用蒸馏水将用过的滴定管等仪器冲洗干净，不能用自来水冲洗？

实训任务 5.10　氯化钡含量的测定

5.10.1　实训目标

(1)掌握测定 $BaCl_2·2H_2O$ 中钡含量的原理和方法。
(2)能正确测定 $BaCl_2·2H_2O$ 中钡的含量,并进行结果计算。
(3)熟练进行晶形沉淀的制备、过滤、洗涤、灼烧及恒重等基本操作。

5.10.2　实训仪器及试剂

(1)实训仪器:分析天平、烧杯、表面皿、玻璃棒、马弗炉;瓷坩埚及坩埚钳;干燥器;快速定量滤纸;玻璃漏斗、水浴锅等。
(2)实训试剂:1 mol/L H_2SO_4 溶液、2 mol/L HCl 溶液、6 mol/L HNO_3 溶液、0.1% $AgNO_3$ 溶液、$BaCl_2·2H_2O$(AR)。

5.10.3　实训内容

(1)通过测定 $BaCl_2·2H_2O$ 中钡的含量,学习重量分析法的原理及数据处理技术。
(2)熟悉重量沉淀法相关仪器的操作技术。

5.10.4　实训指导

1. 实训原理

测定 $BaCl_2·2H_2O$ 中钡含量的反应式为

$$Ba^{2+}+SO_4^{2-}=BaSO_4\downarrow$$

称取一定量的 $BaCl_2·2H_2O$,用水溶解,加稀 HCl 溶液酸化,加热至沸腾,在不断搅动下,慢慢地加入稀、热的 H_2SO_4,使 Ba^{2+} 与 SO_4^{2-} 反应,形成晶形沉淀。沉淀经陈化、过滤、洗涤、烘干、炭化、灰化、灼烧后,以 $BaSO_4$ 形式称量,可求出 $BaCl_2·2H_2O$ 中 Ba 的含量。

硫酸钡重量法一般在 0.05 mol/L 左右的盐酸介质中进行沉淀,沉淀剂 H_2SO_4 可过量 50%~100%。

2. 实训步骤

(1)瓷坩埚的准备。先将瓷坩埚洗净、晾干,再在 800 ℃~850 ℃马弗炉内灼烧,第一次灼烧 30~45 min,取出稍冷片刻后,转入干燥器中冷却至室温后称重。然后放入与第一次同样温度的马弗炉内灼烧约 15~20 min,取出稍冷片刻后,转入干燥器中冷却至室温后称重。如此进行同样操作直至坩埚为恒重为止。

(2)称样及沉淀的制备。准确称取两份 0.4~0.6 g $BaCl_2·2H_2O$(分析纯)试样,分别置于 250 mL 烧杯中,加入约 100 mL 水,2~3 mL HCl 溶液,搅拌溶解,盖上表面皿，加热至近沸。同时，另取 4 mL 1 mol/L 的 H_2SO_4 两份，分别放于两个 100 mL 烧杯中，加水 30 mL，加热至近沸，趁热将两份 H_2SO_4 溶液分别用滴管逐滴地加入两份热的钡盐溶液，并用玻璃棒不断搅拌，直至两份硫酸溶液加完为止。待 $BaSO_4$ 沉淀下沉后，在上清液中加入 1~2 滴 1 mol/L 的 H_2SO_4 溶液，检验沉淀是否完全。沉淀完全后，盖上表面皿，将沉淀在室温下过夜陈化或放在水浴上，保温 0.5~1 h，陈化，注意不要将玻璃棒拿出烧杯外。

(3) 沉淀的过滤和洗涤。先用慢速定量滤纸倾泻法过滤，再用稀硫酸洗涤沉淀 3~4 次，每次约 10 mL。然后将沉淀定量转移到滤纸上，再用稀 H_2SO_4 洗涤 4~6 次，直至洗涤液中不含 Cl^- 为止（用 $AgNO_3$ 检验）。

(4) 沉淀的灼烧和恒重。将两个洁净的瓷坩埚放在 (800±20)℃ 的马弗炉中灼烧至恒重，将洗涤后的沉淀进行包裹后，置于已恒重的瓷坩埚中，经烘干、炭化、灰化后，在 (800±20)℃ 的马弗炉中灼烧至恒重。

(5) 称量。恒重的沉淀放于干燥器中冷却后称重。最后计算 $BaCl_2 \cdot 2H_2O$ 中 Ba 的含量。

注意：$BaCl_2$ 溶液有毒，润洗液及剩余试液不可直接排放，应集中回收。

5.10.5 技能训练

(1) 在规定时间内完成 $BaCl_2 \cdot 2H_2O$ 中钡含量的测定及实训报告的书写。
(2) 遵守安全规程，做到文明操作。

5.10.6 数据记录

$BaCl_2 \cdot 2H_2O$ 中钡含量的测定数据记录见表 5-25。

表 5-25　$BaCl_2 \cdot 2H_2O$ 中钡含量的测定数据记录

项目	1	2
称量瓶＋试样的质量/g		
倾出后称量瓶＋试样的质量/g		
试样氯化钡的质量/g		
恒重的瓷坩埚的质量/g		
恒重的瓷坩埚＋沉淀的质量/g		
沉淀的质量/g		
氯化钡的含量 $w/\%$		
平均值/%		
相对极差/%		

5.10.7 考核标准

$BaCl_2 \cdot 2H_2O$ 中钡含量测定考核要求及评分标准见表5-26。

表5-26 $BaCl_2 \cdot 2H_2O$ 中钡含量测定考核要求及评分标准

序号	考核内容	考核要点	配分	评分标准	扣分	得分
1	实验准备	1. 实训的预习； 2. 重量分析仪器的认领	10	有一项不符合标准扣5分		
2	样品处理	1. 沉淀； 2. 陈化； 3. 过滤和洗涤； 4. 烘干； 5. 炭化； 6. 灰化，灼烧至恒重	25	有一项不符合标准扣4分，扣完为止		
3	物质称量	1. 准备： (1)天平罩的取放，水平的检查； (2)天平各部件的检查，清洁； (3)天平零点的调节。 2. 称量操作： (1)称量瓶的取放； (2)天平门的开关。 3. 结束工作： (1)天平复原； (2)复查天平零点	25	有一项不符合标准扣2分，称量时间每延长5 min扣2分，扣完为止		
4	数据记录及处理	1. 数据记录及时，不得涂改； 2. 计算公式及结果正确； 3. 正确保留有效数字； 4. 报告完整、规范、整洁； 5. 计算结果准确度； 6. 计算结果精密度	35	有一项不符合标准扣5分，扣完为止		
5	安全文明操作	1. 实验台面整洁情况； 2. 物品摆放； 3. 玻璃仪器清洗放置情况； 4. 安全操作情况	5	有一项不符合标准扣2分，扣完为止		
6	总分					

5.10.8　思考题

(1) 沉淀 $BaSO_4$ 时为什么要在稀溶液中进行？不断搅拌的目的是什么？

(2) 为什么沉淀 $BaSO_4$ 时要在热溶液中进行，而在自然冷却后进行过滤？趁热过滤或强制冷却好不好？

(3) 洗涤沉淀时，为什么用洗涤液要少量多次？为保证 $BaSO_4$ 沉淀的溶解损失不超过 0.1%，洗涤沉淀用水量最多不超过多少毫升？

(4) 实验中为什么称取 0.4～0.6 g $BaCl_2 \cdot 2H_2O$ 试样？称样过多或过少有什么影响？

项目 6
仪器分析法测定样品含量

项目目标

1. 掌握 722N 型分光光度计的基本结构及测定原理。
2. 掌握紫外—可见分光光度计的测定原理及使用方法。
3. 能利用分光光度法测定化合物的含量。

项目任务

能使用紫外—可见分光光度法测定未知物的含量。

实训任务 6.1 高锰酸钾吸收曲线的测绘

6.1.1 实训目标

(1)学会正确使用 722N 型分光光度计。
(2)掌握吸收曲线的测绘方法和最大吸收波长的选择方法。

6.1.2 实训仪器及试剂

(1)实训仪器:722N 型分光光度计、1 cm 玻璃比色皿一对、托盘天平、100 mL 烧杯 2 只、300 mL 烧杯 1 只、10 mL 量筒、玻璃棒、擦镜纸等。
(2)实训试剂:2.000 mg/mL 高锰酸钾溶液、去离子水。

6.1.3 实训内容

(1)认识 722N 型分光光度计的结构。
(2)用 722N 型分光光度计测定高锰酸钾溶液的吸光度,绘制吸收曲线。

6.1.4 实训指导

1. 722N 型分光光度计的主要结构

722N 型分光光度计由光源室、单色器、试样室、光电管暗盒、电子系统及数字显示器等部分组成。其主要部件如图 6-1～图 6-5 所示。722N 型分光光度计仪器光路结构如图 6-6 所示。

图 6-1 722N 型分光光度计

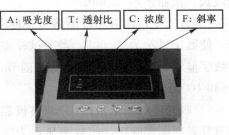

图 6-2 722N 型分光光度计显示屏

图 6-3 722N 型分光光度计比色皿架

图 6-4 722N 型分光光度计波长调节旋钮

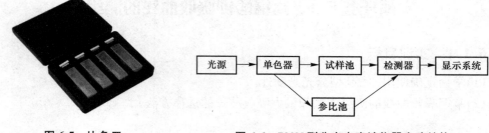

图 6-5　比色皿　　　　图 6-6　722N 型分光光度计仪器光路结构

2.722N 型分光光度计各个键的作用

(1)A/T/C/F 键。每按此键来切换 A、T、C、F 之间的值。A 为吸光度(Absorbavce)；T 为透射比(Trans)；C 为浓度(Conc)；F 为斜率(Factor)。

(2)SD 键。用于 RS232 串行口和计算机传输数据(单向传输数据，仪器发向计算机)。

(3)▽/％键。只有在 T 状态时有效，打开样品室盖，按键后应显示 000.0。

(4)△/100％键。只有在 A、T 状态时有效，打开样品室盖，按键后应显示 000.0。

3.722N 型分光光度计的操作方法

(1)在未接通电源前，应对仪器进行检查，电源线接线应牢固，通地要良好，各个调节旋钮的起始位置要正确，然后接通电源开关。

(2)开启电源，指示灯亮，选择开关置于"T"，旋转波长调节器，将波长调至测试用波长。仪器预热 30 min。

(3)放入空白溶液和待测溶液，使空白溶液置于光路，打开试样室盖，调节"0"旋钮，使数字显示为"0.00"。盖上试样室盖，使光电管受光，调节透过率"100％"旋钮，使数字显示为"100.0"。如此反复调节，直到关闭光门和打开光门时 τ 值读数分别为 0％和 100％处为止。

(4)吸光度的测量：按(3)调整仪器的"0.00"和"100％"后，将选择开关置于"A"，调节吸光度调零旋钮，使数字显示为"0.00"，然后将被测样品移入光路，显示值即被测样品的吸光度值。

(5)测量完毕后，关闭开关取下电源插头，取出比色皿洗净擦干，放好。盖好比色皿暗箱，盖好仪器。

4.722N 型分光光度计使用的注意事项

(1)在安装使用 722N 型分光光度计前，应对仪器的安全性进行检查，查看电源电压是否正常，接地线是否牢固可靠，在得到确认后方可接通电源使用。

(2)仪器经过运输和搬运等，会影响波长准确度，应进行仪器调校后使用。

(3)为确保仪器稳定工作，在电源波动较大的地方，建议用户使用交流稳压电源。

(4)当仪器停止工作时,应关闭仪器电源开关,再切断电源。

(5)为了避免仪器积灰和沾污,在停止工作的时间里,应用防尘罩罩住仪器。同时在罩内放置数袋防潮剂,以免灯室受潮、反射镜镜面发霉或沾污,影响仪器日后的工作。

(6)使用比色皿时,只能拿毛玻璃的两面,并且必须用擦镜纸擦干透光面,以保护透光面不受损坏或产生斑痕。在用比色皿装液前必须用所装溶液冲洗3次,以免改变溶液的浓度。比色皿在放入比色皿架时,应尽量使它们的前后位置一致,以减小测量误差。

(7)在使用过程中,不得在仪器表面放任何东西,以免污染、腐蚀仪器。

5. 实训步骤

(1)2.0 mg/mL 高锰酸钾溶液的配制。称量 0.5 g 高锰酸钾,加 250 mL 去离子水,用玻璃棒搅拌均匀。

(2)不同波长下吸光度的测定。分别用量筒量取 5 mL、10 mL 高锰酸钾,加蒸馏水稀释至 100 mL,进行定性测定。

接通电源,打开 722N 型分光光度计背面的电源开关,以蒸馏水为空白,旋转波长调节器,依次选择 400、410、420、430、440、450、460、470、480、490、500、510、520、525、530、535、540、545、550、560、580、600、610、620、630、640、650、660、670、680(nm)波长为测定点,依次测出各点的吸收度 A,平行测定 2 次。对比两次测定数据,找出高锰酸钾的最大吸收波长 λ_{max}。

注意:从 400~500 nm,每隔 10 nm 测一次;从 510~600 nm,每隔 5 nm 测一次;从 600~680 nm,每隔 10 nm 测一次。

(3)吸收曲线的绘制。以吸收波长 λ 为横坐标,以吸光度 A 为纵坐标,在坐标纸上绘制 $\lambda-A$ 曲线为吸收曲线。

6.1.5 技能训练

(1)在规定时间内完成高锰酸钾溶液的配制。

(2)在规定时间内完成高锰酸钾溶液在不同波长下吸光度的测定,并绘制吸收曲线。

(3)遵守安全规程,做到文明操作。

6.1.6 数据记录

高锰酸钾溶液波长与吸光度对应数据记录见表 6-1。

表 6-1 高锰酸钾溶液波长与吸光度对应数据记录

1	λ/nm	400	410	420	430	…	660	670	680
	A								
2	λ/nm								
	A								

6.1.7 考核标准

高锰酸钾溶液吸收曲线的绘制考核标准见表 6-2。

表 6-2 高锰酸钾溶液吸收曲线的绘制考核标准

序号	考核内容	考核要点	配分	扣分说明	扣分	得分
1	仪器准备	1. 玻璃仪器的洗涤； 2. 检查仪器	10	有一项不符合标准扣 5 分		
2	溶液制备	1. 吸量管润洗； 2. 容量瓶试漏； 3. 容量瓶稀释至刻度	20	有一项不符合标准扣 5 分，扣完为止		
3	比色皿的使用	1. 手触及比色皿透光面； 2. 溶液过少或过多(2/3~4/5)； 3. 测定后，比色皿洗净，控干保存	10	有一项不符合标准扣 3 分，扣完为止		
4	仪器使用	1. 参比溶液的正确使用； 2. 仪器操作步骤正确	10	有一项不符合标准扣 5 分，扣完为止		
5	数据记录及处理	1. 数据记录及时，不得涂改； 2. 计算公式及结果正确； 3. 正确保留有效数字； 4. 报告完整、规范、整洁； 5. 计算结果准确度； 6. 计算结果精密度	40	有一项不符合标准扣 5 分，扣完为止		
6	安全文明操作	1. 实验台面整洁情况； 2. 物品摆放； 3. 玻璃仪器清洗放置情况； 4. 安全操作情况	10	有一项不符合标准扣 2 分，扣完为止		
7	总分					

6.1.8 思考题

(1) 722N 型分光光度计由哪几个部分组成？
(2) 为什么要使用玻璃比色皿？
(3) 什么是物质的吸收曲线？它有何实际意义？

实训任务6.2　高锰酸钾溶液浓度的测定

6.2.1　实训目标
(1)掌握标准工作曲线的绘制方法和未知溶液浓度的测定方法。
(2)学会分光光度法测定高锰酸钾溶液浓度的方法。

6.2.2　实训仪器及试剂
(1)实训仪器：722N型分光光度计、1 cm玻璃比色皿1对、分析天平、100 mL容量瓶10只、10 mL吸量管2支、烧杯、擦镜纸、玻璃棒等。
(2)实训试剂：2.000 mg/mL高锰酸钾溶液、未知浓度高锰酸钾溶液、蒸馏水。

6.2.3　实训内容
(1)高锰酸钾溶液标准工作曲线的绘制。
(2)未知高锰酸钾溶液浓度的测定。

6.2.4　实训指导

1. 标准工作曲线的绘制

分别准确移取适当浓度的高锰酸钾标准溶液0.00 mL、1.00 mL、2.00 mL、4.00 mL、6.00 mL、8.00 mL、10.00 mL于7个100.0 mL容量瓶中，稀释、定容、摇匀，使其吸光度A控制在0.2~0.8范围内。根据高锰酸钾的最大吸收波长525 nm(或545 nm)，以蒸馏水为参比，测定其吸光度A。再以浓度C为横坐标，以相应的吸光度A为纵坐标绘制标准工作曲线。

2. 未知物的定量分析

准确吸取未知浓度高锰酸钾溶液x mL，稀释恰当的倍数，在最大吸收波长525 nm(或545 nm)处测其吸光度A。在已绘出的标准工作曲线上查出其对应浓度C值，乘以稀释倍数，求出其实际浓度。其计算公式为

$$C_{真}=C\times N$$

式中　$C_{真}$——原始未知溶液浓度(μg/mL)；
　　　C——查出的未知溶液浓度(μg/mL)；
　　　N——未知溶液的稀释倍数。

3. 实训步骤

(1)2.000 mg/mL高锰酸钾标准溶液的配制。准确称取0.500 0 g高锰酸钾，溶解后转移至250 mL容量瓶中，加水稀释、定容、摇匀待用。

(2)高锰酸钾溶液标准工作曲线的绘制。

1)分别吸取 0.00 mL、1.00 mL、2.00 mL、4.00 mL、6.00 mL、8.00 mL、10.00 mL 高锰酸钾溶液于 7 个 100 mL 容量瓶中，加水稀释、定容，其溶液浓度分别是 0.00 μg/mL、20.00 μg/mL、40.00 μg/mL、80.00 μg/mL、120.00 μg/mL、160.00 μg/mL、200.00 μg/mL。

2)旋转波长调节器，将 λ_{max} 调至 525 nm(或 545 nm)处。

3)在分光光度计上分别测其吸光度 A。

4)以浓度 C 为横坐标，以吸光度 A 为纵坐标，在坐标纸上绘制 C—A 曲线。

(3)未知溶液浓度的测定。先确定未知溶液的稀释倍数，吸取未知溶液 x mL 于 100 mL 容量瓶中，加水稀释、定容、摇匀，在最大吸收波长 525 nm(或 545 nm)处测其吸光度 A，平行测定 3 次。求其浓度的平均值。在标准工作曲线上查出对应的浓度 C 值，乘以稀释倍数，求出未知溶液的浓度。

6.2.5 技能训练

(1)在规定时间内完成高锰酸钾溶液的配制。

(2)在规定时间内完成标准工作曲线的绘制。

(3)在规定时间内完成未知溶液浓度的测定及数据处理。

6.2.6 数据记录

高锰酸钾标准工作曲线的绘制见表 6-3。

表 6-3 高锰酸钾标准工作曲线的绘制

溶液代号	吸取标液体积/mL	$\rho/(\mu g \cdot mL^{-1})$	A
0			
1			
2			
3			
4			
5			
6			

未知溶液浓度的测定数据记录见表 6-4。

表 6-4 未知溶液浓度的测定数据记录

平行测定次数	1	2	3
A			

续表

平行测定次数	1	2	3
查得的浓度/(μg·mL^{-1})			
原始试液浓度/(μg·mL^{-1})			
原始试液的平均浓度/(μg·mL^{-1})			

6.2.7 考核标准

高锰酸钾溶液浓度的测定考核标准见表 6-5。

表 6-5　高锰酸钾溶液浓度的测定考核标准

序号	考核内容	考核要点	配分	扣分说明	扣分	得分
1	仪器准备	1. 玻璃仪器的洗涤； 2. 检查仪器	10	有一项不符合标准扣 5 分，扣完为止		
2	溶液配制	1. 吸量管润洗； 2. 容量瓶试漏； 3. 容量瓶稀释至刻度	20	有一项不符合标准扣 5 分，扣完为止		
3	比色皿使用	1. 手触及比色皿透光面； 2. 溶液过少或过多(2/3～4/5)； 3. 测定后，比色皿洗净，控干保存	10	有一项不符合标准扣 3 分，扣完为止		
4	仪器使用	1. 参比溶液的正确使用； 2. 仪器操作步骤正确	10	有一项不符合标准扣 5 分，扣完为止		
5	数据记录及处理	1. 数据记录及时，不得涂改； 2. 计算公式及结果正确； 3. 正确保留有效数字； 4. 报告完整、规范、整洁； 5. 计算结果准确度； 6. 计算结果精密度	40	有一项不符合标准扣 5 分，扣完为止		
6	安全文明操作	1. 实验台面整洁情况； 2. 物品摆放； 3. 玻璃仪器清洗放置情况； 4. 安全操作情况	10	有一项不符合标准扣 2 分，扣完为止		
7	总分					

6.2.8 思考题

(1)标准工作曲线绘制较好的标准是什么？
(2)为减小测定误差，应使吸光度控制在什么范围内？

实训任务 6.3　苯甲酸、磺基水杨酸最大吸收波长的测定

6.3.1　实训目标

(1)熟悉 UV-1801 紫外—可见分光光度计的结构。
(2)学会 UV-1801 紫外—可见分光光度计的定性测量方法。
(3)掌握紫外-可见光谱定性图谱的数据处理方法。

6.3.2　实训仪器及试剂

(1)实训仪器：UV-1801 紫外—可见分光光度计、1 cm 石英比色皿 1 对、100 mL 烧杯 2 只、10 mL 量筒 2 支、擦镜纸、玻璃棒等。
(2)实训试剂：100.0 μg/mL 苯甲酸溶液、200.0 μg/mL 磺基水杨酸溶液、去离子水等。

6.3.3　实训内容

(1)认识 UV-1801 紫外—可见分光光度计。
(2)苯甲酸溶液、磺基水杨酸溶液吸收曲线的绘制，并标出最大吸收波长。

6.3.4　实训指导

1. UV-1801 紫外—可见分光光度计的主要结构

UV-1801 紫外—可见分光光度计由光源、单色器、样品室、检测系统、电机控制、液晶显示、键盘输入、电源、RS32 接口、打印接口等部分组成。仪器外观如图 6-7～图 6-9 所示，光路结构如图 6-10 所示。

2. UV-1801 紫外—可见分光光度计操作步骤

(1)开机准备。打开仪器主机右侧电源开关，用鼠标双击计算机桌面上的"UVSoftware"按钮，连接设备，如图 6-11、图 6-12 所示。

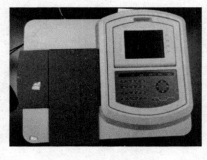

图 6-7　仪器外观

图 6-8　未连计算机设备操作界面

图 6-9 比色皿架

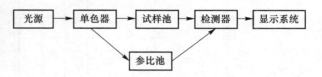

图 6-10 仪器光路结构

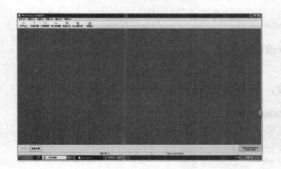

图 6-11 软件主窗口

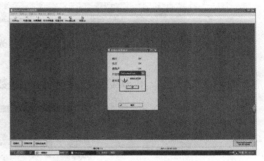

图 6-12 连接成功提示

单击计算机屏幕左下方"初始化"按钮,仪器开始进行自检,如图 6-13 所示。

等待 5 项内容全部显示"OK",显示初始化成功后,可利用仪器进行相关测试,如图 6-14 所示。

图 6-13 仪器自检提示

图 6-14 仪器自检成功提示

(2)定性分析操作。

1)单击工具栏菜单上的"光谱扫描"按钮,进入光谱扫描测量方式,如图6-15所示。

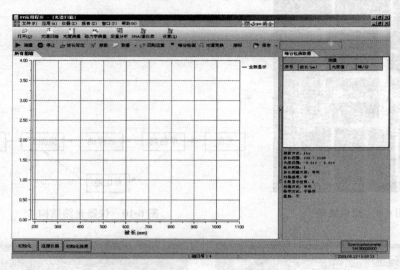

图6-15 光谱扫描界面

2)参数设置。单击工具栏菜单上的参数,进行参数设置,如图6-16所示。

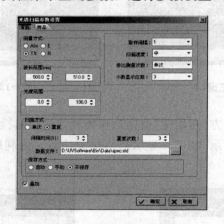

图6-16 光谱扫描参数设置

波长范围:扫描光谱的范围,设置波长最小值为190 nm,波长最大值为1 100 nm。

光度范围:扫描结果显示范围;设置不合适,测量完毕后可以通过在图谱上单击鼠标右键定制坐标进行更改。

3)测量。单击工具栏菜单上的"测量"按钮,开始进行测量,提示"请将参比拉入光路!",将参比液放入样品池,如图6-17所示,根据提示拉入参比,单击"确定"按钮。

参比测量完成,提示"请将样品拉入光路!",如图6-18所示,根据提示,将参比液取出,放入样品液,单击"确定"按钮。

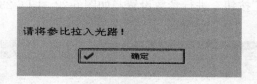

图 6-17　参比操作提示　　　　　　　图 6-18　样品操作提示

测量完成,提示"测量完毕!",单击"OK"按钮,如图 6-19 所示。此时,界面会出现测量结果和相应的图谱,如图 6-20 所示。

图 6-19　测量结束提示

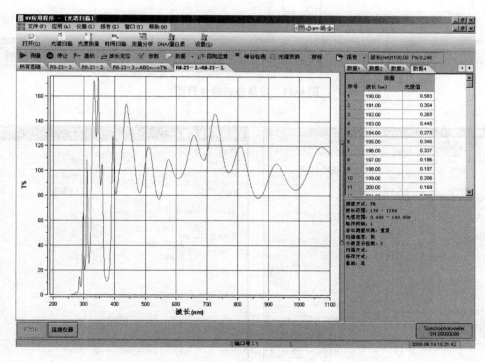

图 6-20　吸收曲线

(3)定量分析操作。

1)单击工具栏菜单上的"定量分析"按钮,进入定量分析测量方式,如图 6-21 所示。

2)参数设置。单击工具栏菜单上的"参数"按钮,进行参数设置,如图6-22、图6-23所示。

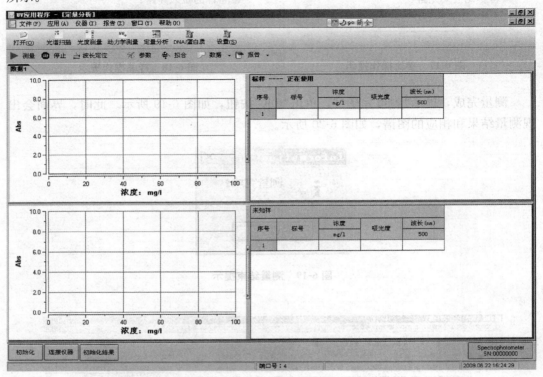

图 6-21　定量分析操作界面

图 6-22　定量分析参数设置(一)

图 6-23　定量分析参数设置(二)

在"测量"选项卡下,选择"方法"为"单波长标准系数法","波长"为"505.0","参比扫描次数"为"单次"。

在"计算"选项卡下,选择"公式"为"Abs=f(C)","方法"为"浓度法","浓度单位"为"μg/mL",勾选"零点插入"复选框(拟合曲线将过零点)。

3)测量。单击工具栏菜单上的"测量"按钮,开始进行测量,提示"请将参比拉入光路!",将参比液放入样品池,如图6-17所示,根据提示拉入参比,单击"确定"按钮。

参比测量完成,提示"请将样品拉入光路!",如图6-18所示,根据提示将参比液取出,放入样品液,单击"确定"按钮。

标样测量完毕,在浓度栏内输入对应标样的浓度值,按"拟合"进行曲线拟合。界面上会显示出以上测量参数所建立的曲线,并且显示拟合的相关系数和建立的曲线方程,如图6-24所示。

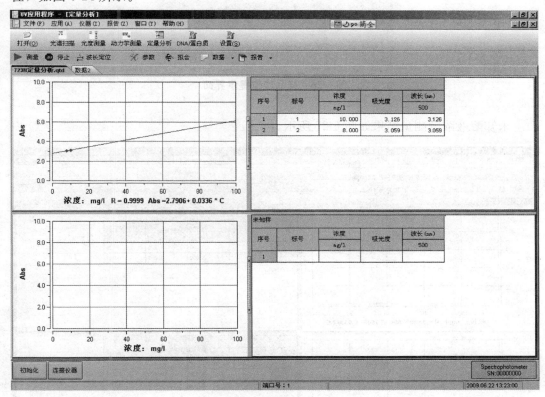

图 6-24 标准工作曲线拟合

如果曲线拟合因为个别参比测量结果不理想,可以在标样栏内单击鼠标右键,选择需要删除的标样,如图6-25所示,选择"删除"选项,系统会提示选择是否删除该条数据,选择"是",单击"确定"按钮删除该条数据;然后重新测量标样和拟合曲线。

标样 ---- 正在使用				
序号	标号	浓度 mg/l	吸光度	波长(nm) 500
1	1	10.000	3.126	3.126
2	2	8 删除 复制 Ctrl+C		3.059

图 6-25 数据修改界面

测量未知溶液浓度:将未知样放入样品池,用光标单击界面右下方的未知样处,使"未知样"变成"未知样—正在使用",单击工具栏菜单上的"测量"按钮,提示"请将样品拉入光路!",如图 6-26 所示,根据提示放入未知样品液,单击"确定"按钮。

图 6-26 样品操作提示界面

未知溶液浓度测量结果如图 6-27 所示。

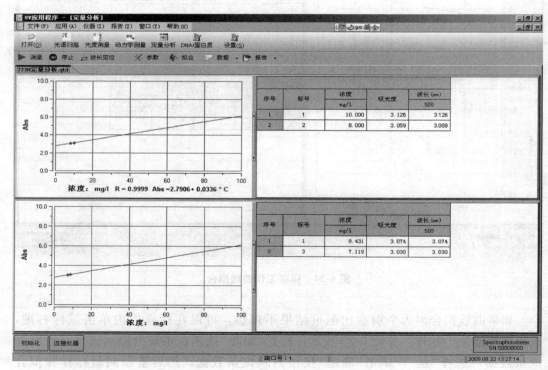

图 6-27 未知溶液浓度测量结果

4)数据保存、导入和导出：单击工具栏菜单上的"数据"按钮，在下拉菜单中选择"保存"按钮保存图谱；"导入"则是导入数据，打开图谱，并且用多标签页显示；"导出"则是导出测量数据到 Excel。

报告打印：单击工具栏菜单上的"报告"按钮，在下拉菜单中选择"打印预览"，可预览报告。

（4）注意事项。如果仪器正在测量中，用户又单击了"测量"，或"波长定位"等功能按钮，系统提示如图 6-28 所示，必须等测量完毕，才可以进行其他操作。如果仪器没有联机初始化，则系统会提示"设备还未准备好！"，如图 6-29 所示。

图 6-28　误操作提示（一）

图 6-29　误操作提示（二）

如果没有选标样栏或未知样栏，直接单击"测量"按钮进行测量，系统不会有任何反应。

测量完毕后，如果要开启一个新的测量，可以不退出测量界面，直接单击"参数"按钮进入参数设置界面，重新设置新的测量参数，设置完毕之后单击"OK"按钮退出，系统会自动新增一个测量标签页。

在调零或者测量过程中，如果单击"停止"按钮，则在不退出此测量界面的情况下，系统将清空当前测量界面的所有数据，再次单击"测量"按钮，系统会重新调零开始新的测量。

测量完毕后，更改任何一项参数，都将开启一个新的测量窗口；如果更改了波长、参比扫描方式中的任何一项参数，系统都将重新调零开启新的测量；更改其他参数则不用重新调零。

在关闭测量界面时，系统提示如图 6-30 所示，单击"是"按钮，则停留在测量界面，用户根据需要选择数据标签页来保存数据，单击"否"按钮则直接退出测量界面。

在参数设置中，不可以设置相同的波长，否则系统将提示"不能设置相同的波长！"，如图 6-31 所示。

图 6-30　保存文件提示

图 6-31　误操作提示（三）

3. 实训步骤

(1)苯甲酸溶液的定性分析。

1)苯甲酸溶液的配制。用量筒取 100.0 μg/mL 的苯甲酸标准溶液 10 mL 于 100 mL 小烧杯中,加去离子水 90 mL,搅拌均匀。

2)苯甲酸溶液吸光度的测量。打开侧面紫外—分光光度计仪器开关;单击计算机界面上的仪器图标连接仪器;单击窗口左下角"初始化"按钮,进行仪器自检;单击工具栏上的"光谱扫描"按钮,单击"参数"按钮进行设置(波长范围:200～350 nm;光度范围:0.000～1.000),单击"测量"按钮,测量完毕后,单击"峰值检测"按钮,标出最大吸收波长 λ_{max},单击"报告"按钮,并打印。

(2)磺基水杨酸溶液的定性分析。

1)磺基水杨酸溶液的配制。用量筒取 200.0 μg/mL 的磺基水杨酸溶液 10 mL 于 100 mL 小烧杯,加去离子水 90 mL,搅拌均匀。

2)磺基水杨酸溶液吸光度的测量。紫外分光光度计仪器如上述操作,于波长 200～350 nm 范围内测定磺基水杨酸溶液吸光度,作出其吸收光谱曲线。标出最大吸收波长 λ_{max},并打印。

6.3.5 技能训练

(1)在规定时间内完成苯甲酸的定性分析。
(2)在规定时间内完成磺基水杨酸的定性分析。
(3)遵守安全规程,做到文明操作。

6.3.6 数据记录

苯甲酸、磺基水杨酸吸收曲线的 λ_{max} 值记录见表 6-6。

表 6-6 苯甲酸、磺基水杨酸吸收曲线的 λ_{max} 值记录

项目	λ_{max}/nm
苯甲酸	
磺基水杨酸	

6.3.7 考核标准

苯甲酸、磺基水杨酸定性分析考核标准见表 6-7。

表 6-7 苯甲酸、磺基水杨酸定性分析考核标准

序号	考核内容	考核要点	配分	扣分说明	扣分	得分
1	仪器准备	1. 玻璃仪器的洗涤； 2. 检查仪器	10	有一项不符合标准扣 5 分		
2	溶液制备	1. 吸量管润洗； 2. 容量瓶试漏； 3. 容量瓶稀释至刻度	20	有一项不符合标准扣 5 分，扣完为止		
3	比色皿使用	1. 手触及比色皿透光面； 2. 溶液过少或过多(2/3～4/5)； 3. 测定后，比色皿洗净，控干保存	10	有一项不符合标准扣 3 分，扣完为止		
4	仪器使用	1. 参比溶液的正确使用； 2. 仪器操作步骤正确	10	有一项不符合标准扣 5 分，扣完为止		
5	数据记录及处理	1. 数据记录及时，不得涂改； 2. 计算公式及结果正确； 3. 正确保留有效数字； 4. 报告完整、规范、整洁； 5. 计算结果准确度； 6. 计算结果精密度	40	有一项不符合标准扣 5 分，扣完为止		
6	安全操作	1. 实验台面整洁情况； 2. 玻璃仪器清洗放置情况； 3. 安全操作情况	10	有一项不符合标准扣 2 分，扣完为止		
7	总分					

6.3.8 思考题

(1)比色皿正确操作的要领是什么？紫外区应选择玻璃还是石英比色皿？

(2)吸收曲线与标准工作曲线有何区别？在实际应用中，它们各有何意义？

实训任务 6.4　苯甲酸含量的测定

6.4.1　实训目标

(1)熟悉 UV-1801 紫外—可见分光光度计的定量测量方法。
(2)掌握紫外-可见光谱定性图谱的数据处理方法。

6.4.2　实训仪器及试剂

(1)实训仪器：UV-1801 紫外—可见分光光度计、1 cm 石英比色皿 1 对、分析天平、100 mL 容量瓶 10 只、10 mL 吸量管 2 支等。
(2)实训试剂：100.0 μg/mL 苯甲酸标准储备溶液、未知浓度苯甲酸溶液、去离子水等。

6.4.3　实训内容

(1)苯甲酸溶液标准工作曲线的绘制。
(2)测定未知苯甲酸溶液浓度。

6.4.4　实训指导

1. 标准工作曲线绘制

分别准确移取 100.0 μg/mL 的苯甲酸标准溶液 0.00 mL、1.00 mL、2.00 mL、4.00 mL、6.00 mL、8.00 mL、10.00 mL 在 100.0 mL 容量瓶中，加水稀释，定容。此时浓度分别为 0.00 μg/mL、1.00 μg/mL、2.00 μg/mL、4.00 μg/mL、6.00 μg/mL、8.00 μg/mL、10.00 μg/mL。

在苯甲酸的最大吸收波长(224 nm)处，以蒸馏水为参比，测定吸光度 A。

执行"定量分析"→"参数"命令(设置测量方式：单波长标准系数法，波长：224 nm，浓度单位：μg/mL，零点插入)，单击"测量"按钮，测量完毕，单击"拟合"按钮，以浓度 C 为横坐标，以相应的吸光度 A 为纵坐标绘制标准工作曲线。

2. 未知溶液的定量分析

(1)确定未知溶液的稀释倍数，吸取未知溶液 x mL 于 100 mL 容量瓶中定容，在最大吸收波长(224 nm)处，测其吸光度 A。单击"测量"按钮，分别测定其吸光度 A，平行测定 3 次。

(2)根据待测溶液的吸光度，在标准工作曲线上查出其浓度 C 值，带入以下公式中，求出其真实浓度。

$$C_{真}=C\times N$$

式中　$C_{真}$——原始未知溶液浓度(μg/mL)；

C——查出的未知溶液浓度(μg/mL);

N——未知溶液的稀释倍数。

6.4.5 技能训练

(1)在规定时间内完成苯甲酸标准工作曲线的绘制。
(2)在规定时间内完成苯甲酸的定量分析。
(3)遵守安全规程,做到文明操作。

6.4.6 数据记录

苯甲酸标准工作曲线的绘制见表 6-8。

表 6-8 苯甲酸标准工作曲线的绘制

溶液代号	吸取标液体积/mL	$\rho/(\mu g \cdot mL^{-1})$	A
0			
1			
2			
3			
4			
5			
6			

未知溶液含量的测定数据记录见表 6-9。

表 6-9 未知溶液含量的测定数据记录

平行测定次数	1	2	3
A			
查得的浓度/$(\mu g \cdot mL^{-1})$			
原始试液浓度/$(\mu g \cdot mL^{-1})$			
原始试液的平均浓度/$(\mu g \cdot mL^{-1})$			

6.4.7 考核标准

苯甲酸含量的测定考核标准见表 6-10。

表 6-10 苯甲酸含量的测定考核标准

序号	考核内容	考核要点	配分	扣分说明	扣分	得分
1	仪器的准备	1. 玻璃仪器的洗涤； 2. 检查仪器	10	有一项不符合标准扣 5 分，扣完为止		
2	溶液的制备	1. 吸量管润洗； 2. 容量瓶试漏； 3. 容量瓶稀释至刻度	20	有一项不符合标准扣 5 分，扣完为止		
3	比色皿的使用	1. 手触及比色皿透光面； 2. 溶液过少或过多(2/3~4/5)； 3. 测定后，比色皿洗净，控干保存	10	有一项不符合标准扣 3 分，扣完为止		
4	仪器的使用	1. 参比溶液的正确使用； 2. 仪器操作步骤正确	10	有一项不符合标准扣 5 分，扣完为止		
5	数据记录及处理	1. 数据记录及时，不得涂改； 2. 计算公式及结果正确； 3. 正确保留有效数字； 4. 报告完整、规范、整洁； 5. 计算结果准确度； 6. 计算结果精密度	40	有一项不符合标准扣 5 分，扣完为止		
6	安全文明操作	1. 实验台面整洁情况； 2. 物品摆放； 3. 玻璃仪器清洗放置情况； 4. 安全操作情况	10	有一项不符合标准扣 2 分，扣完为止		
7	总分					

6.4.8 思考题

(1)标准工作曲线坐标分度的大小如何选择，才能保证读出测量值的全部有效数字？

(2)实验所得的标准曲线中，各点是否完全在直线上？若不是，为什么？

实训任务 6.5　硫酸亚铁中铁含量的测定

6.5.1　实训目标

(1)熟悉根据吸收曲线正确选择测定波长的方法。
(2)学会制作标准工作曲线的一般方法。
(3)掌握邻二氮菲分光光度法测定铁的方法。

6.5.2　实训仪器及试剂

(1)实训仪器：UV-1801 紫外—可见分光光度计、1 cm 玻璃比色皿 1 对、250 mL 容量瓶 1 只、100 mL 容量瓶 11 只、10 mL 吸量管 2 支等。

(2)实训试剂：40 μg/mL 铁标准储备溶液、硫酸亚铁样品、10% 抗坏血酸溶液、pH=5.0 的缓冲溶液、0.1% 邻二氮菲溶液、去离子水等。

6.5.3　实训内容

通过用邻二氮菲分光光度法测定硫酸亚铁离子的含量，熟悉 UV-1801 紫外—可见分光光度计的使用方法。

6.5.4　实训指导

1. 标准工作曲线制作

(1)将未知铁试样溶液(Ⅰ)配制成适合于分光光度法对未知铁试样(Ⅱ)中铁含量测定的工作曲线使用的铁标准溶液，控制 pH≈2。

(2)标准系列溶液配制。用吸量管移取不同体积的工作曲线使用的铁标准溶液于 7 个 100 mL 容量瓶，配制成分光光度法测定未知铁试样溶液(Ⅱ)中铁含量的标准系列溶液。

(3)显色。制作标准工作曲线的每个容量瓶中溶液按以下规定同时同样处理：加 2 mL 抗坏血酸溶液，摇匀后加 20 mL 缓冲溶液和 10 mL 邻二氮菲溶液，用水稀释至刻度，摇匀，放置不少于 15 min。

(4)测定。以不加铁标准溶液的一份为参比，在 510 nm 波长处进行吸光度测定。以浓度为横坐标，以相应的吸光度为纵坐标绘制标准工作曲线。

2. 未知铁试样溶液（Ⅱ）中铁含量的测定

(1)显色与测定：确定未知铁试样溶液(Ⅱ)的稀释倍数，配制待测溶液于所选用的 100 mL 容量瓶，加 2 mL 抗坏血酸溶液，摇匀后加 20 mL 缓冲溶液和 10 mL 邻二氮菲溶液，用水稀释至刻度，摇匀。放置不少于 15 min 后，按照工作曲线制作时相同的测定方法，在 510 nm 波长处进行吸光度测定。平行测定 3 次。

(2)由测得吸光度从标准工作曲线查出待测溶液中铁的浓度,根据未知铁试样溶液(Ⅱ)的稀释倍数,求出未知铁试样溶液(Ⅱ)中铁的含量。

3. 未知铁试样溶液（Ⅱ）中铁含量的计算

未知铁试样溶液(Ⅱ)中铁含量计算公式为

$$\rho = \rho_x \times n$$

式中　ρ——未知铁试样溶液(Ⅱ)中铁的浓度($\mu g/mL$);

　　　ρ_x——从标准工作曲线查得的待测溶液中铁的浓度($\mu g/mL$);

　　　n——未知铁试样溶液(Ⅱ)的稀释倍数。

4. 实训步骤

(1)吸收曲线的绘制和测量波长的选择。用吸量管吸取 40.00 μg/mL 铁标准溶液 5.00 mL,注入 100 mL 容量瓶,加入 2 mL 抗坏血酸溶液、4 mL 邻二氮菲溶液、10 mL HAc-NaAc 缓冲溶液,用蒸馏水稀释至刻度,摇匀。静置 15 min,用 1 cm 玻璃比色皿,以试剂空白(0.00 mL 铁标准溶液)为参比溶液,波长为 440～560 nm,测吸光度 A,得出以波长 λ 为横坐标,吸光度 A 为纵坐标的吸收曲线。从吸收曲线上可选择测定铁的适宜波长(510 nm)。

(2)标准工作曲线的绘制。在 7 个干净的 100 mL 容量瓶中,用吸量管分别加入 0.00 mL、1.00 mL、2.00 mL、4.00 mL、6.00 mL、8.00 mL、10.00 mL 的 40.00 μg/mL 铁标准溶液,加 2 mL 抗坏血酸溶液,摇匀后加 20 mL 缓冲溶液和 10 mL 邻二氮菲溶液,用水稀释至刻度,摇匀,放置 15 min。用 1 cm 玻璃比色皿,以试剂为空白(0.0 mL 铁标准溶液)做参比,在 510 nm 波长下,测量各溶液的吸光度,填入表 6-11,可生成标准工作曲线。

(3)试样中铁含量的测定。取 3 个干净的 100 mL 容量瓶,分别加入 x mL 未知试样溶液,按上述工作曲线的制作步骤,加入各种试剂,加水定容。测量其吸光度 A,填入表 6-12,并计算其平均值。

由测得吸光度从标准工作曲线查出待测溶液中铁的浓度($\mu g/mL$),根据未知铁试样溶液(Ⅱ)的稀释倍数,带入公式,求出未知铁试样溶液(Ⅱ)中铁含量,填入表 6-12。

6.5.5　技能训练

(1)在规定时间内完成硫酸亚铁中铁含量的测定及报告的打印。

(2)遵守安全规程,做到文明操作。

6.5.6　数据记录表

硫酸亚铁溶液标准工作曲线的绘制见表 6-11。

表 6-11 硫酸亚铁溶液标准工作曲线的绘制

溶液代号	吸取标液体积/mL	$\rho/(\mu g \cdot mL^{-1})$	A
0			
1			
2			
3			
4			
5			
6			

未知溶液含量的测定数据记录见表 6-12。

表 6-12 未知溶液含量的测定数据记录

平行测定次数	1	2	3
A			
查得的浓度/$(\mu g \cdot mL^{-1})$			
原始试液浓度/$(\mu g \cdot mL^{-1})$			
原始试液的平均浓度/$(\mu g \cdot mL^{-1})$			

6.5.7 考核标准

硫酸亚铁中铁含量的测定考核标准见表 6-13。

表 6-13 硫酸亚铁中铁含量的测定考核标准

序号	考核内容	考核要点	配分	扣分说明	扣分	得分
1	仪器的准备	1. 玻璃仪器的洗涤; 2. 检查仪器	10	有一项不符合标准扣 5 分		
2	溶液的制备	1. 吸量管润洗; 2. 容量瓶试漏; 3. 容量瓶稀释至刻度	20	有一项不符合标准扣 5 分,扣完为止		
3	比色皿的使用	1. 手触及比色皿透光面; 2. 溶液过少或过多(2/3~4/5); 3. 测定后,比色皿洗净,控干保存	10	有一项不符合标准扣 3 分,扣完为止		
4	仪器的使用	1. 参比溶液的正确使用; 2. 仪器操作步骤正确	10	有一项不符合标准扣 5 分,扣完为止		
5	数据记录及处理	1. 数据记录及时,不得涂改; 2. 计算公式及结果正确; 3. 正确保留有效数字; 4. 报告完整、规范、整洁; 5. 计算结果准确度; 6. 计算结果精密度	40	有一项不符合标准扣 5 分,扣完为止		
6	安全文明操作	1. 实验台面整洁情况; 2. 物品摆放; 3. 玻璃仪器清洗放置情况; 4. 安全操作情况	10	有一项不符合标准扣 2 分,扣完为止		
7	总分					

6.5.8 思考题

(1)制作标准工作曲线和进行其他条件实验时,加入试剂的顺序能否任意改变?为什么?

(2)本实验中抗坏血酸、醋酸钠的作用各是什么?

实训任务6.6 水中硝酸盐氮含量的测定

6.6.1 实训目标

(1)熟悉根据吸收曲线正确选择测定波长的方法。
(2)学会制作标准工作曲线的一般方法。
(3)掌握分光光度法测定水中硝酸盐氮的原理和方法。

6.6.2 实训仪器及试剂

(1)实训仪器：分析天平、UV-1801紫外—可见分光光度计、1 cm石英比色皿1对、250 mL容量瓶1只、100 mL容量瓶10只、10 mL吸量管2支、烧杯等。

(2)实训试剂：10 μg/mL硝酸盐氮标准储备溶液、水样、1 mol/L盐酸溶液、0.8%氨基磺酸溶液、去离子水等。

6.6.3 实训内容

采用分光光度法测定水中硝酸盐氮含量。

6.6.4 实训指导

1. 吸收曲线的绘制和测量波长的选择

用吸量管分别吸取一定体积的硝酸盐氮标准溶液，注入100 mL容量瓶中，加入适量的盐酸溶液、氨基磺酸溶液，用蒸馏水稀释至刻度，摇匀。用1cm比色皿，以空白溶液为参比，在190~350 nm之间，测吸光度A，得出以波长λ为横坐标，吸光度A为纵坐标的吸收曲线。从吸收曲线上选择测定硝酸盐氮标准溶液的适宜波长。

2. 标准工作曲线的绘制

在7个100 mL干净的容量瓶中，用吸量管分别加入0.00 mL、1.00 mL、2.00 mL、4.00 mL、6.00 mL、8.00 mL、10.00 mL的10.00 μg/mL硝酸盐氮标准溶液，加适量盐酸，摇匀后加适量氨基磺酸溶液；用去离子水稀释至刻度，摇匀。用1 cm石英比色皿，以空白溶液做参比，在220 nm波长下，测量各溶液的吸光度A，可生成标准工作曲线。

3. 实训步骤

(1)10.00 μg/mL硝酸盐氮标准溶液的配制。准确称取0.712 8 g的无水硝酸钾，溶解后转移至1 000 mL容量瓶，加水稀释至刻度，摇匀，浓度为100 μg/mL。准确移取此溶液10 mL，转移至100 mL容量瓶，加水稀释至刻度，摇匀，此溶液浓度为10.00 μg/mL。

(2)吸收曲线的绘制和测量波长的选择。用吸量管吸取 10.00 μg/mL 硝酸盐氮标准溶液 5.00 mL，注入 100 mL 容量瓶，加入 2 mL 盐酸溶液，氨基磺酸 2 滴，用蒸馏水稀释至刻度，摇匀。用 1 cm 比色皿，以空白溶液为参比，在 190~350 nm 测吸光度 A，得出以波长 λ 为横坐标，吸光度 A 为纵坐标的吸收曲线。单击"报告"按钮，并打印出来。从吸收曲线上可选测定硝酸盐氮的适宜波长(220 nm)。

(3)标准工作曲线的绘制。在 7 个 100 mL 干净的容量瓶中，用吸量管分别加入 0.00 mL、1.00 mL、2.00 mL、4.00 mL、6.00 mL、8.00 mL、10.00 mL 的 10.00 μg/mL 硝酸盐氮标准溶液，它们的浓度分别是 0.00 μg/mL、0.10 μg/mL、0.20 μg/mL、0.40 μg/mL、0.60 μg/mL、0.80 μg/mL、1.00 μg/mL，加 1 mol/mL 盐酸 2 mL，摇匀后加 2 滴氨基磺酸(若 NO_2^- 小于 0.1 mol/mL 时可以不加)；用去离子水稀释至刻度，摇匀。用 1 cm 石英比色皿，以空白溶液做参比，在 220 nm 波长下，测量各溶液的吸光度 A，填入表 6-14，可生成标准工作曲线。

(4)水中硝酸盐氮含量的测定。取 3 个 100 mL 容量瓶，分别加入 20.00 mL 透明水试样溶液，加 1 mol/L 盐酸 2 mL，摇匀后加 2 滴氨基磺酸，加入去离子水，定容。分别在 220 nm 和 275 nm 处测量吸光度 A，填入表 6-15；测得吸光度从标准工作曲线查出水样中硝酸盐氮的浓度(μg/mL)，并计算其平均值，填入表 6-15。

6.6.5 技能训练

(1)在规定时间内完成水中硝酸盐氮含量的测定及数据处理。
(2)遵守安全规程，做到文明操作。

6.6.6 数据记录

水中硝酸盐氮的测定标准工作曲线的绘制见表 6-14。

表 6-14 水中硝酸盐氮的测定标准工作曲线的绘制

溶液代号	吸取标液体积/mL	$\rho/(\mu g \cdot mL^{-1})$	A
0			
1			
2			
3			
4			
5			
6			

未知溶液含量的测定数据记录见表 6-15。

表 6-15　未知溶液含量的测定数据记录

平行测定次数	1	2	3
A			
查得的浓度/(μg·mL^{-1})			
水样的平均浓度/(μg·mL^{-1})			

6.6.7　考核标准

水中硝酸盐氮的测定考核标准见表 6-16。

表 6-16　水中硝酸盐氮的测定考核标准

序号	考核内容	考核要点	配分	扣分说明	扣分	得分
1	仪器准备	1. 玻璃仪器的洗涤； 2. 检查仪器	10	有一项不符合标准扣 5 分，扣完为止		
2	溶液制备	1. 吸量管润洗； 2. 容量瓶试漏； 3. 容量瓶稀释至刻度	20	有一项不符合标准扣 5 分，扣完为止		
3	比色皿的使用	1. 手触及比色皿透光面； 2. 溶液过少或过多(2/3~4/5)； 3. 测定后，比色皿洗净，控干保存	10	有一项不符合标准扣 3 分，扣完为止		
4	仪器使用	1. 参比溶液的正确使用； 2. 仪器操作步骤正确	10	有一项不符合标准扣 5 分，扣完为止		
5	数据记录及处理	1. 数据记录及时，不得涂改； 2. 计算公式及结果正确； 3. 正确保留有效数字； 4. 报告完整、规范、整洁； 5. 计算结果准确度； 6. 计算结果精密度	40	有一项不符合标准扣 5 分，扣完为止		
6	安全文明操作	1. 实验台面整洁情况； 2. 物品摆放； 3. 玻璃仪器清洗放置情况； 4. 安全操作情况	10	有一项不符合标准扣 2 分，扣完为止		
7	总分					

6.6.8 思考题

(1)制作标准工作曲线和进行其他条件实验时,加入试剂的顺序能否任意改变?为什么?

(2)本实验中氨基磺酸的作用是什么?

项目 7
样品含量测定方法的设计及实施

项目目标

1. 掌握样品含量测定设计的方法,培养综合运用化学分析检验相关知识解决化工生产中分析检验问题的能力。
2. 培养学生从事产品检验方法设计工作的整体观念,通过设计简单的测定方法,为以后从事检验检测适应工作打下坚实的基础。

项目任务

根据样品检验需求,设计相对完善的样品检验方法,仪器、试剂及检验标准,并对测定数据进行分析处理,出具完善的分析报告。

实训任务 7.1　食用白醋总酸度测定方法设计与测定

7.1.1　实训目标

能够通过查阅标准，运用酸碱滴定分析法的原理设计出食用白醋中总酸度的分析方案，并实施测定，出具报告。

7.1.2　实训仪器及试剂

(1)实训仪器：碱式滴定管、移液管、锥形瓶、烧杯、容量瓶、量筒等。
(2)实训试剂：0.1 mol/L 的 NaOH 标准溶液、酚酞指示剂、食醋样品。

7.1.3　实训内容

(1)通过查阅资料确定测定方法。
(2)熟悉酸碱滴定分析法的测定原理，包含反应方程式、各反应物物质的量之间的关系，选择的指示剂、滴定条件等。
(3)设计实训报告。

7.1.4　实训指导

1. 测定方法的选择

食醋的主要成分是醋酸，另外还含有少量的其他弱酸，如乳酸等。HAc 是弱酸，电离常数 $K_a = 1.8 \times 10^{-5}$，因此，可以选择酸碱滴定分析法。在水溶液中，用 NaOH 标准溶液直接准确滴定。

2. 测定的基本原理

滴定反应式为

$$HAc + NaOH = NaAc + H_2O$$

滴定至化学计量点时溶液的 pH 值为 8.72。用 0.1 mol/L 的 NaOH 标准溶液滴定时，突跃范围为 pH=7.7~9.7，在碱性范围内。因此，选用酚酞做指示剂，其终点由无色到微红色(30 s 内不褪色)。由于空气中的 CO_2 能使酚酞红色褪去，故应以摇匀后红色在 30 s 内不褪色为止。

测定时，不仅醋酸与 NaOH 作用，食醋中可能存在的其他各种形式的酸也与 NaOH 作用，所以，测得的是总酸度，以醋酸的质量浓度(g/L)表示。

3. 设计测定步骤

(1)氢氧化钠溶液的配制与标定。

(2)制样。用洗净并用少量待测样品润洗 3 次后的移液管吸取 25.00 mL 食醋样品，于 250 mL 容量瓶，用蒸馏水稀释至刻度，摇匀后待用。

(3)测定。将洗净的移液管用少量待测样品润洗 3 次，然后吸取 25.00 mL 稀释后的试液，放入 250 mL 锥形瓶，加 1～2 滴酚酞指示剂。用 0.1 mol/L 的 NaOH 标准溶液滴定至溶液出现微红色 30 s 不褪色为止。平行测定 3 次，并做空白实验。根据消耗 NaOH 标准溶液的体积，计算食用白醋总酸度。

(4)结果计算。根据反应式可知：$n(HAc)=n(NaOH)$。

$$\rho(HAc)=\frac{C(V_1-V_2)\times 10^{-3}\times M(HAc)}{V(HAc)\times 10^{-3}}$$

式中　　$\rho(HAc)$——以醋酸表示的总酸度(g/L)；

　　　　C——NaOH 标准溶液的浓度(mol/L)；

　　　　V_1——滴定时消耗 NaOH 标准溶液的体积(mL)；

　　　　V_2——空白时消耗 NaOH 标准溶液的体积(mL)；

　　　　$M(HAc)$——醋酸的摩尔质量(g/mol)；

　　　　$V(HAc)$——醋酸样品的体积(mL)。

7.1.5　技能训练

(1)选择相对简单的项目进行设计练习。
(2)对自己设计的测定方案进行实施。
(3)完成食用白醋总酸度的测定方案设计及实施测定。

7.1.6　数据记录

食用白醋总酸度测定数据记录见表 7-1。

表 7-1　食用白醋总酸度测定数据记录

项目	1	2	3
$V(HAc)$/mL			
$C(NaOH)/(mol\cdot L^{-1})$			
测定时溶液的温度/℃			
溶液温度校正值/mL			
滴定管校正值/mL			
消耗 NaOH 标准溶液的体积/mL			
实际消耗 NaOH 标准溶液的体积/mL			
空白消耗 NaOH 标准溶液的体积/mL			
平均值/(g·L^{-1})			
平均极差/%			

7.1.7 考核标准

1. 设计实训考核标准

设计实训成绩分为优、良、中、及格和不及格5个等级。其由平时成绩(20%)、实践操作(50%)、设计报告(20%)和答辩(10%)4部分组成。

优：方法设计合理、符合国家或行业测定标准；能正确选择分析检验仪器，掌握测定原理，操作熟练，结果准确度高；能独立正确地回答问题。

良：方法设计合理、符合国家或行业测定标准；能正确选择分析检验仪器，掌握测定原理，操作较熟练，结果准确度高；能独立回答问题。

中：方法设计基本能满足滴定分析要求、符合国家或行业测定标准；能正确选择分析检验仪器，基本掌握测定原理，仪器的操作，结果准确度较高；基本能独立回答问题。

及格：方法设计能和同学协作完成、符合国家或行业测定标准；勉强能选择分析检验仪器，仪器的操作不太熟练，结果准确度一般；勉强能回答问题。

不及格：方法设计错误；不会选择分析检验仪器，仪器的操作不熟练；回答问题错误较多。

2. 平时考核

迟到或早退一次扣2分；旷课一次扣5分；不遵守课堂纪律视其情节轻重进行扣分(不低于2分)；不遵守实训室卫生规定视其情节轻重进行扣分(不低于2分)；损坏实训室设备视其情节轻重进行扣分(不低于4分)；无正当理由出勤率不足1/3者，本次实训成绩为不及格。

3. 设计报告考核标准

书写不认真或不按时交扣5分；缺少设计过程和设计原理扣5~10分；抄袭现象严重，自己设计部分较少扣15分。

4. 答辩评分标准

回答基本符合答案，稍有不完整经启发后答对者，每道题扣1~2分；回答贴近答案但不完整，每道题扣3~4分；回答不贴近答案，不计分。

5. 实操考核标准

食用白醋总酸度的测定实操考核要点及评分标准见表7-2。

表7-2 食用白醋总酸度的测定实操考核要点及评分标准

序号	考核内容	考核要点	配分	评分标准	扣分	得分
1	方案设计	1. 方案是否合理； 2. 原理正确； 3. 可操作性强	15	有一项不符合标准扣5分		

续表

序号	考核内容	考核要点	配分	评分标准	扣分	得分
2	实验准备	1. 锥形瓶等普通玻璃仪器洗涤； 2. 滴定管的检查与试漏； 3. 仪器洗涤效果	5	有一项不符合标准扣 2 分，扣完为止		
3	物质称量	1. 准备工作： (1)天平罩的取放，水平的检查； (2)天平各部件的检查，清洁； (3)天平零点的调节。 2. 称量操作： (1)称量瓶的取放； (2)天平门的开关； (3)倾样方法及次数(≤4)； (4)称量时间(≤15 min)； (5)称量范围(±10%)。 3. 结束工作： (1)天平复原； (2)复查天平零点	10	有一项不符合标准扣 2 分，称量时间每延长 5 min 扣 2 分，扣完为止		
4	移液	1. 移液管润洗； 2. 手持移液管方法正确； 3. 吸取溶液方法正确、熟练； 4. 移取溶液体积准确； 5. 放出溶液方法正确； 6. 液面降至尖嘴后停留 15 s	5	有一项不符合标准扣 2 分，扣完为止		
5	容量瓶使用	1. 溶液转移方法； 2. 稀释至 2/3 容积时平摇； 3. 定容操作； 4. 摇匀操作	5	有一项不符合标准扣 2 分，扣完为止		
6	滴定	1. 滴定管润洗； 2. 赶气泡； 3. 滴定管读数； 4. 滴定时姿势正确； 5. 滴定速度的控制； 6. 半滴溶液控制技术； 7. 终点的判断和控制； 8. 滴定中是否因使用不当更换滴定管	20	有一项不符合标准扣 3 分，扣完为止		

续表

序号	考核内容	考核要点	配分	评分标准	扣分	得分
7	数据记录及处理	1. 数据记录及时，不得涂改； 2. 计算公式及结果正确； 3. 正确保留有效数字； 4. 报告完整、规范、整洁； 5. 计算结果准确度； 6. 计算结果精密度	35	有一项不符合标准扣 5 分，扣完为止		
8	安全文明操作	1. 实验台面整洁情况； 2. 物品摆放； 3. 玻璃仪器清洗放置情况； 4. 安全操作情况	5	有一项不符合标准扣 2 分，扣完为止		
9	总分					

7.1.8 思考题

(1)取完食醋后为什么要立即盖好试剂瓶？

(2)测定时为什么选择酚酞为指示剂？如何判断终点？

(3)如果选择甲基橙为指示剂，为什么消耗氢氧化钠标准溶液的体积会偏小？

实训任务 7.2 胆矾中 $CuSO_4 \cdot 5H_2O$ 含量测定方法设计与测定

7.2.1 实训目标

能够通过查阅标准、运用氧化还原滴定法的原理设计出测定胆矾中五水硫酸铜($CuSO_4 \cdot 5H_2O$)的分析方案,并实施测定,出具报告。

7.2.2 实训仪器及试剂

(1)实训仪器:分析天平、酸式滴定管(50 mL)、碘量瓶(250 mL)等。

(2)实训试剂:$CuSO_4 \cdot 5H_2O$(CP)、$Na_2S_2O_3$(s)、基准物 $K_2Cr_2O_7$、HAc(6 mol/L)、I_2 固体(AR)、KI(AR)、5 g/L 淀粉指示剂、20% H_2SO_4、1 mol/L 的 H_2SO_4 溶液、20% NH_4HF_2 溶液、10% KSCN 等。

7.2.3 实训内容

(1)通过查阅资料确定测定方法。
(2)熟悉氧化还原滴定法中碘量法的测定原理,包含反应方程式、各反应物物质的量之间的关系,选择的指示剂、滴定条件等。
(3)设计实训报告。

7.2.4 实训指导

1. 测定方法的选择

胆矾是蓝色的晶体,溶于水形成蓝色溶液,失去结晶水形成白色的 $CuSO_4$。其可用作杀毒剂。胆矾中 $CuSO_4 \cdot 5H_2O$ 的含量可以用碘量法来测定。由于硫酸铜中 Cu^{2+} 不具有氧化性、还原性,但可通过生成 CuI,使 Cu^{2+}/Cu^+ 的电极电位由 +0.17 V 增大到 +0.88 V,从而可以使 Cu^{2+} 先与过量的 I^- 作用生成一定量的 I_2,再用硫代硫酸钠($Na_2S_2O_3$)标准溶液滴定生成的 I_2 即可。

2. 测定的基本原理

(1)$Na_2S_2O_3$ 标定原理。标定 $Na_2S_2O_3$ 常用的基准物是 $K_2Cr_2O_7$,标定时采用置换滴定法,先将 $K_2Cr_2O_7$ 与过量的 KI 作用,再用 $Na_2S_2O_3$ 标准溶液滴定析出的 I_2,以淀粉为指示剂,溶液由蓝色变为亮绿色即终点。

其反应式为

$$Cr_2O_7^{2-} + 14H^+ + 6I^- = 3I_2 + 2Cr^{3+} + 7H_2O$$

$$I_2 + 2S_2O_3^{2-} = S_4O_6^{2-} + 2I^-$$

必须注意，淀粉指示剂应在临近终点时加入，若过早加入，溶液中还剩余很多的 I_2，大量的 I_2 被淀粉牢固地吸附，不易完全放出，使终点难以确定。因此，必须在滴定至近终点(溶液呈现浅黄绿色)时，再加入淀粉指示剂。

(2)测定原理。在弱酸性溶液中(pH=3～4)，Cu^{2+} 与过量 I^- 作用生成难溶性的 CuI 沉淀并定量析出 I_2。生成的 I_2 可用 $Na_2S_2O_3$ 标准溶液滴定，以淀粉溶液为指示剂，滴定至溶液的蓝色刚好消失即终点。其反应式为

$$2Cu^{2+} + 4I^- =\!=\!= 2CuI\downarrow + I_2$$

$$I_2 + 2S_2O_3^{2-} =\!=\!= S_4O_6^{2-} + 2I^-$$

由所消耗的 $Na_2S_2O_3$ 标准溶液的体积及浓度即可算出样品中硫酸铜的含量。

3. 设计测定步骤

(1)$C(Na_2S_2O_3)=0.1$ mol/L $Na_2S_2O_3$ 溶液的配制。用托盘天平称取一定量的市售硫代硫酸钠于烧杯中，再加入少量的 Na_2CO_3，加水溶解后，盖上表面皿，缓缓煮沸 10 min，冷却后置于暗处密闭静置两周后过滤，待标定。

(2)$Na_2S_2O_3$ 标准溶液的标定。准确称取基准物 $K_2Cr_2O_7$ 0.12～0.15 g 于 250 mL 碘量瓶，加 25 mL 煮沸并冷却的蒸馏水溶解，加入 2 g 固体碘化钾及 20 mL 20% 的 H_2SO_4 溶液，立即盖上碘量瓶塞，并摇匀。瓶口加少量蒸馏水密封，防止 I_2 挥发。在暗处放置 5 min，打开瓶塞，同时用蒸馏水冲洗瓶塞磨口及碘量瓶内壁，加 50 mL 煮沸并冷却的蒸馏水稀释，然后立即用待标定的 $Na_2S_2O_3$ 标准溶液滴定至溶液出现淡黄色时(近终点)，加 3 g/L 的淀粉指示剂，继续滴定至溶液由蓝色变为亮绿色即终点，记录消耗 $Na_2S_2O_3$ 标准溶液的体积。平行测定 3 次，同时做空白实验。

(3)0.1 mol/L I_2 标准溶液的配制。称取 6.5 g I_2 和 20 g KI 置于小烧杯中，加水少许，研磨或搅拌至 I_2 全部溶解后(KI 可分 4～5 次加，每次加水 5～10 mL，反复研磨至碘片全部溶解)，转移入棕色瓶，加水稀释至 250 mL，塞紧，摇匀后放置过夜再标定。

(4)I_2 标准溶液的标定。准确移取已知浓度的 $Na_2S_2O_3$ 标准溶液 25.00 mL 于 250 mL 碘量瓶，加 150 mL 蒸馏水，加入 3 mL 淀粉指示剂，用待标定的 I_2 标准溶液滴定至溶液呈现蓝色为终点。记录消耗 I_2 标准溶液的体积，平行测定 3 次，同时做空白实验，记录消耗体积为 V_0。

(5)$CuSO_4 \cdot 5H_2O$ 含量的测定。准确称取 $CuSO_4 \cdot 5H_2O$ 样品 0.5～0.6 g，置于 250 mL 碘量瓶中，加入 1 mol/L 的 H_2SO_4 溶液、蒸馏水 100 mL 使其溶解，加入 20% NH_4HF_2 溶液 10 mL 及 3 g 固体 KI，迅速盖上瓶盖，摇匀、水封。于暗处放置 10 min，此时出现 CuI 白色沉淀。

打开瓶塞，用少量蒸馏水冲洗瓶塞磨口及碘量瓶内壁，立即用 0.1 mol/L $Na_2S_2O_3$ 标准溶液滴定至溶液显浅黄色(近终点)，加 3 mL 5 g/L 的淀粉指示剂，继续滴定至溶液呈浅蓝色时，加入 10%KSCN 或 NH_4SCN 溶液 10 mL，继续用 $Na_2S_2O_3$ 标准溶液滴定至蓝色恰好消失即终点，此时，溶液为 CuSCN 悬浮液。记录消

耗 $Na_2S_2O_3$ 标准溶液的体积。平行测定 3 次，同时做空白实验。根据所消耗 $Na_2S_2O_3$ 标准溶液的体积，计算出铜的百分含量。

7.2.5 技能训练

(1)完成胆矾中 $CuSO_4·5H_2O$ 含量测定的方案设计及实施测定。
(2)遵守安全规程，做到文明操作。

7.2.6 数据记录

硫代硫酸钠标准溶液的标定数据记录见表 7-3。

表 7-3 硫代硫酸钠标准溶液的标定数据记录

项目	1	2	3
称取样品前质量/g			
称取样品后质量/g			
$K_2Cr_2O_7$ 的质量/g			
滴定管体积初读数/mL			
滴定管体积终读数/mL			
消耗 I_2 标准溶液的体积/mL			
滴定管校正值/mL			
溶液温度校正值/mL			
实际消耗 $Na_2S_2O_3$ 标准溶液的体积/mL			
空白实验消耗 $Na_2S_2O_3$ 标准溶液的体积/mL			
$Na_2S_2O_3$ 标准溶液的浓度/(mol·L^{-1})			
$Na_2S_2O_3$ 标准溶液的平均浓度/(mol·L^{-1})			
相对极差/%			

碘标准溶液的标定数据记录见表 7-4。

表 7-4 碘标准溶液的标定数据记录

项目	1	2	3
移取 $Na_2S_2O_3$ 标准溶液的体积/mL			
滴定管体积初读数/mL			
滴定管体积终读数/mL			
消耗 I_2 标准溶液的体积/mL			
滴定管体积校正值/mL			

续表

项目	1	2	3
溶液温度/℃			
溶液温度校正值/mL			
实际消耗 I_2 标准溶液的体积/mL			
空白实验消耗 I_2 标准溶液的体积/mL			
I_2 标准溶液的浓度/(mol·L^{-1})			
I_2 标准溶液的平均浓度/(mol·L^{-1})			
相对极差/%			

胆矾中 $CuSO_4·5H_2O$ 含量的测定数据记录见表 7-5。

表 7-5 胆矾中 $CuSO_4·5H_2O$ 含量的测定数据记录

项目	1	2	3
称取样品前质量/g			
称取样品后质量/g			
硫酸铜样品的质量/g			
滴定管体积初读数/mL			
滴定管体积终读数/mL			
消耗 $Na_2S_2O_3$ 标准溶液的体积/mL			
滴定管校正值/mL			
溶液温度校正值/mL			
实际消耗 $Na_2S_2O_3$ 标准溶液的体积/mL			
空白实验消耗 $Na_2S_2O_3$ 标准溶液的体积/mL			
$Na_2S_2O_3$ 标准溶液的浓度/(mol·L^{-1})			
胆矾中 $CuSO_4·5H_2O$ 含量/%			
平均值/%			
相对极差/%			

7.2.7 考核标准

1. 设计实训考核标准

设计实训成绩分为优、良、中、及格和不及格 5 个等级。它由平时成绩(20%)、实践操作(50%)、设计报告(20%)和答辩(10%)四部分组成。

优：方法设计合理、符合国家或行业测定标准；能正确选择分析检验仪器，掌握测定原理，操作熟练，结果准确度高；能独立正确地回答问题。

良：方法设计合理、符合国家或行业测定标准；能正确选择分析检验仪器，掌握测定原理，操作较熟练，结果准确度高；能独立回答问题。

中：方法设计基本能满足滴定分析要求、符合国家或行业测定标准；能正确选择分析检验仪器，基本掌握测定原理、仪器的操作，结果准确度较高；基本能独立回答问题。

及格：方法设计能和同学协作完成、符合国家或行业测定标准；勉强能选择分析检验仪器，仪器的操作不太熟练，结果准确度一般；勉强能回答问题。

不及格：方法设计错误；不会选择分析检验仪器，仪器的操作不熟练；回答问题错误较多。

2. 平时考核

(1)迟到或早退一次扣2分；旷课一次扣5分；不遵守课堂纪律视其情节轻重进行扣分(不低于2分)。

(2)不遵守实训室卫生规定视其情节轻重进行扣分(不低于2分)；损坏实训室设备视其情节轻重进行扣分(不低于4分)；无正当理由出勤率不足1/3者，本次实训成绩为不及格。

3. 设计报告考核标准

(1)书写不认真或不按时交扣5分。

(2)缺少设计过程和设计原理扣5～10分。

(3)抄袭现象严重，自己设计部分较少扣15分。

4. 答辩评分标准

(1)回答基本符合答案，稍有不完整经启发后答对者，每道题扣1～2分。

(2)回答贴近答案但不完整，每道题扣3～4分。

(3)回答不贴近答案，不计分。

5. 实操考核标准

胆矾中$CuSO_4 \cdot 5H_2O$含量的测定实操考核要点及评分标准见表7-6。

表7-6 胆矾中$CuSO_4 \cdot 5H_2O$含量的测定实操考核要点及评分标准

序号	考核内容	考核要点	配分	评分标准	扣分	得分
1	方案设计	1. 方案是否合理； 2. 原理是否准确； 3. 可操作性强	15	有一项不符合标准扣5分		

续表

序号	考核内容	考核要点	配分	评分标准	扣分	得分
2	实验准备	1. 锥形瓶等普通玻璃仪器洗涤； 2. 滴定管的检查与试漏； 3. 仪器洗涤效果	5	有一项不符合标准扣2分，扣完为止		
3	物质称量	1. 准备工作： (1)天平罩的取放，水平的检查； (2)天平各部件的检查、清洁； (3)天平零点的调节。 2. 称量操作： (1)称量瓶的取放； (2)天平门的开关； (3)倾样方法及次数($\leqslant 4$)； (4)称量时间($\leqslant 15$ min)； (5)称量范围($\pm 10\%$)。 3. 结束工作： (1)天平复原； (2)复查天平零点	10	有一项不符合标准扣2分，称量时间每延长5 min扣2分，扣完为止		
4	移液	1. 移液管润洗； 2. 手持移液管方法正确； 3. 吸取溶液方法正确、熟练； 4. 移取溶液体积准确； 5. 放出溶液方法正确； 6. 液面降至尖嘴后停留15 s	5	有一项不符合标准扣2分，扣完为止		
5	容量瓶使用	1. 溶液转移方法； 2. 稀释至2/3容积时平摇； 3. 定容操作； 4. 摇匀操作	5	有一项不符合标准扣2分，扣完为止		
6	滴定	1. 滴定管润洗； 2. 赶气泡； 3. 滴定管读数； 4. 滴定时的正确姿势； 5. 滴定速度的控制； 6. 半滴溶液控制技术； 7. 终点的判断和控制； 8. 滴定中是否因使用不当更换滴定管	20	有一项不符合标准扣3分，扣完为止		

续表

序号	考核内容	考核要点	配分	评分标准	扣分	得分
7	数据记录及处理	1. 数据记录及时，不得涂改； 2. 计算公式及结果正确； 3. 正确保留有效数字； 4. 报告完整、规范、整洁； 5. 计算结果准确度； 6. 计算结果精密度	35	有一项不符合标准扣5分，扣完为止		
8	安全文明操作	1. 实验台面整洁情况； 2. 物品摆放； 3. 玻璃仪器清洗放置情况； 4. 安全操作情况	5	有一项不符合标准扣2分，扣完为止		
9	总分					

7.2.8 思考题

(1)在测定中，为什么淀粉溶液必须在接近终点时加入？

(2)滴定时摇动锥形瓶要注意，在大量的 I_2 存在时，为什么不要剧烈摇动溶液？

实训任务7.3 食盐中碘含量的测定

7.3.1 实训目标

(1)能够通过查阅相关标准,运用滴定碘量法设计出食盐中碘含量的测定方案,并实施测定,出具报告。

(2)练习对实物试样某组分含量测定的技术。

7.3.2 实训仪器及试剂

(1)实训仪器:分析天平、碱式滴定管(25 mL)、称量瓶、容量瓶、移液管、烧杯、量筒等。

(2)实训试剂:食盐样品、0.002 mol/L 的硫代硫酸钠标准溶液、淀粉指示剂(5 g/L)、2 mol/L 盐酸、KI溶液(5 g/L)、1 mol/L 的磷酸溶液等。

7.3.3 实训内容

(1)通过查阅资料确定测定方法。

(2)熟悉氧化还原滴定法中碘量法的测定原理,包含反应方程式、各反应物物质的量之间的关系,选择的指示剂、滴定条件等。

(3)设计实训报告。

7.3.4 实训指导

1. 测定方法的选择

食盐中碘含量的测定,属于氧化还原滴定法,碘电对的电极电位比较低,氧化能力较弱。因此在酸性溶液中,试样中的碘酸根氧化碘化钾析出 I_2,用 $Na_2S_2O_3$ 标准溶液滴定,测定食盐中碘离子的含量。

2. 基本原理

(1)$Na_2S_2O_3$ 标定原理。标定 $Na_2S_2O_3$ 常用的基准物是 KIO_3、$K_2Cr_2O_7$ 等,本次实验采用 KIO_3 标定,先将 KIO_3 与过量的 KI 作用,再用 $Na_2S_2O_3$ 标准溶液滴定析出 I_2,以淀粉为指示剂,溶液蓝色恰好消失即终点。

其反应式为

$$IO_3^- + 6H^+ + 5I^- = 3I_2 + 3H_2O$$

$$I_2 + 2S_2O_3^{2-} = S_4O_6^{2-} + 2I^-$$

必须注意,淀粉指示剂应在临近终点时加入,若过早加入,溶液中还剩余很多的 I_2,大量的 I_2 被淀粉牢固地吸附,不易完全放出,使终点难以确定。因此,必须在滴定至近终点(溶液呈现浅黄绿色)时,再加入淀粉指示剂。

(2)测定原理。由于食盐中碘元素绝大部分是以 IO_3^- 存在,少量的是以 I^- 形式存在。食盐溶于水后,在酸性条件下,加入碘化钾,I^- 与 IO_3^- 反应析出 I_2,然后用标准的硫代硫酸钠滴定 I_2,从而确定碘元素的含量。

3. 设计测定步骤

(1)$C(1/6KIO_3)=0.002$ mol/L 碘酸钾标准溶液的配制。在分析天平上称取 1.4 g 于 (110 ± 2) ℃烘至恒重的 KIO_3 基准物,加水溶解,转移至 1 000 mL 容量瓶,定容摇匀待用。用移液管移取 2.5 mL 于 500 mL 容量瓶,加水稀释定容。所得浓度为 $C(1/6KIO_3)=0.002$ mol/L 碘酸钾标准溶液。

(2)$Na_2S_2O_3$ 标准溶液的标定。吸取 10.00 mL $C(1/6KIO_3)=0.002$ mol/L 的 KIO_3 溶液于 250 mL 碘量瓶中,加 80 mL 水和 2 mL 1 mol/L 的磷酸,摇匀后加 5 mL KI 溶液,立即用 $Na_2S_2O_3$ 标准溶液滴定至溶液出现淡黄色时,加 5 mL 淀粉指示剂,继续滴定至蓝色恰好消失为止,记录消耗 $Na_2S_2O_3$ 标准溶液的体积,平行测定 3 次。求出 $Na_2S_2O_3$ 标准溶液的浓度。

(3)加碘食盐中碘含量的测定。准确称取 10 g 均匀加碘食盐,置于 250 mL 碘量瓶,加入 80 mL 蒸馏水溶解,加 2 mL 1 mol/L 的磷酸,摇匀后加 5 mL KI 溶液,立即用 $Na_2S_2O_3$ 标准溶液滴定至溶液出现淡黄色时,加 5 mL 淀粉指示剂,继续滴定至蓝色恰好消失为止,记录消耗 $Na_2S_2O_3$ 标准溶液的体积,平行测定 3 次,求出食盐中碘的含量。

7.3.5 技能训练

(1)在规定的时间内完成食盐中碘含量测定的方案设计及实施。
(2)查阅相关标准,分析测定结果是否合格(含碘量为 20~50 μg/g,允许差为 2 μg/g)。
(3)遵守安全规程,做到文明操作。

7.3.6 数据记录

硫代硫酸钠标准溶液的标定数据记录见表 7-7。

表 7-7 硫代硫酸钠标准溶液的标定数据记录

项目	1	2	3
称取样品前质量/g			
称取样品后质量/g			
$K_2Cr_2O_7$ 的质量/g			
滴定管体积初读数/mL			
滴定管体积终读数/mL			
消耗 I_2 标准溶液的体积/mL			

续表

项目	1	2	3
滴定管校正值/mL			
溶液温度校正值/mL			
实际消耗 $Na_2S_2O_3$ 标准溶液的体积/mL			
空白实验消耗 $Na_2S_2O_3$ 标准溶液的体积/mL			
$Na_2S_2O_3$ 标准溶液的浓度/(mol·L^{-1})			
$Na_2S_2O_3$ 标准溶液的平均浓度/(mol·L^{-1})			
相对极差/%			

食盐中碘含量的测定数据记录见表 7-8。

表 7-8　食盐中碘含量的测定数据记录

项目	1	2	3
称取样品前质量/g			
称取样品后质量/g			
碘盐样品的质量/g			
滴定管体积初读数/mL			
滴定管体积终读数/mL			
消耗 $Na_2S_2O_3$ 标准溶液的体积/mL			
滴定管校正值/mL			
溶液温度校正值/mL			
实际消耗 $Na_2S_2O_3$ 标准溶液的体积/mL			
空白实验消耗 $Na_2S_2O_3$ 标准溶液的体积/mL			
$Na_2S_2O_3$ 标准溶液的浓度/(mol·L^{-1})			
食盐中碘的含量/(μg·g^{-1})			
平均值/%			
相对极差/%			

7.3.7　考核标准

1. 设计实训考核标准

设计实训成绩分为优、良、中、及格和不及格 5 个等级。其由平时成绩(20%)、实践操作(50%)、设计报告(20%)和答辩(10%)四部分组成。

优：方法设计合理、符合国家或行业测定标准；能正确选择分析检验仪器，掌握测定原理，操作熟练，结果准确度高；能独立正确地回答问题。

良：方法设计合理、符合国家或行业测定标准；能正确选择分析检验仪器，掌握测定原理，操作较熟练，结果准确度高；能独立回答问题。

中：方法设计基本能满足滴定分析要求、符合国家或行业测定标准；能正确选择分析检验仪器，基本掌握测定原理、仪器的操作，结果准确度较高；基本能独立回答问题。

及格：方法设计能和同学协作完成、符合国家或行业测定标准；勉强能选择分析检验仪器，仪器的操作不太熟练，结果准确度一般；勉强能回答问题。

不及格：方法设计错误；不会选择分析检验仪器，仪器的操作不熟练；回答问题错误较多。

2. 平时考核

(1)迟到或早退一次扣 2 分；旷课一次扣 5 分；不遵守课堂纪律视其情节轻重进行扣分(不低于 2 分)。

(2)不遵守实训室卫生规定视其情节轻重进行扣分(不低于 2 分)；损坏实训室设备视其情节轻重进行扣分(不低于 4 分)；无正当理由出勤率不足 1/3 者，本次实训成绩为不及格。

3. 设计报告考核标准

(1)书写不认真或不按时交扣 5 分。

(2)缺少设计过程和设计原理扣 5~10 分。

(3)抄袭现象严重，自己设计部分较少扣 15 分。

4. 答辩评分标准

(1)回答基本符合答案，稍有不完整经启发后答对者，每道题扣 1~2 分。

(2)回答贴近答案但不完整，每道题扣 3~4 分。

(3)回答不贴近答案，不计分。

5. 实操考核标准

食盐中碘含量的测定实操考核要点及评分标准见表 7-9。

表 7-9　食盐中碘含量的测定实操考核要点及评分标准

序号	考核内容	考核要点	配分	评分标准	扣分	得分
1	方案设计	1. 方案是否合理； 2. 原理是否准确； 3. 可操作性强	15	有一项不符合标准扣 5 分		

续表

序号	考核内容	考核要点	配分	评分标准	扣分	得分
2	实验准备	1. 锥形瓶等普通玻璃仪器洗涤； 2. 滴定管的检查与试漏； 3. 仪器洗涤效果	5	有一项不符合标准扣2分，扣完为止		
3	物质称量	1. 准备工作： (1)天平罩的取放，水平的检查； (2)天平各部件的检查、清洁； (3)天平零点的调节。 2. 称量操作： (1)称量瓶的取放； (2)天平门的开关； (3)倾样方法及次数(≤4)； (4)称量时间(≤15 min)； (5)称量范围(±10%)。 3. 结束工作： (1)天平复原； (2)复查天平零点	10	有一项不符合标准扣2分，称量时间每延长 5 min 扣 2 分，扣完为止		
4	移液	1. 移液管润洗； 2. 手持移液管方法正确； 3. 吸取溶液方法正确、熟练； 4. 移取溶液体积准确； 5. 放出溶液方法正确； 6. 液面降至尖嘴后停留 15 s	5	有一项不符合标准扣2分，扣完为止		
5	容量瓶使用	1. 溶液转移方法； 2. 稀释至 2/3 容积时平摇； 3. 定容操作； 4. 摇匀操作	5	有一项不符合标准扣2分，扣完为止		
6	滴定	1. 滴定管润洗； 2. 赶气泡； 3. 滴定管读数； 4. 滴定时的正确姿势； 5. 滴定速度的控制； 6. 半滴溶液控制技术； 7. 终点的判断和控制； 8. 滴定中是否因使用不当更换滴定管	20	有一项不符合标准扣3分，扣完为止		

续表

序号	考核内容	考核要点	配分	评分标准	扣分	得分
7	数据记录及处理	1. 数据记录及时，不得涂改； 2. 计算公式及结果正确； 3. 正确保留有效数字； 4. 报告完整、规范、整洁； 5. 计算结果准确度； 6. 计算结果精密度	35	有一项不符合标准扣5分，扣完为止		
8	安全文明操作	1. 实验台面整洁情况； 2. 物品摆放； 3. 玻璃仪器清洗放置情况； 4. 安全操作情况	5	有一项不符合标准扣2分，扣完为止		
9	总分					

7.3.8 思考题

(1) 在食盐含碘量的测定中，加入磷酸的目的是什么？在测定中，为什么淀粉溶液必须在接近终点时加入？

(2) 食盐中为什么要加碘？食盐中的碘成分以哪种形式存在？

实训任务 7.4 胃舒平药片中铝和镁的测定

7.4.1 实训目标

(1)能够通过查阅相关标准,设计出用返滴定法对胃舒平药片中铝和镁的测定方案,并实施测定,出具报告。

(2)练习对实物样品中两种不同组分含量的测定技术。

7.4.2 实训仪器及试剂

(1)实训仪器:分析天平、酸式滴定管(50 mL)、容量瓶、移液管、烧杯、量筒等。

(2)实训试剂:0.02 mol/L EDTA 标准溶液、0.02 mol/L 锌标准溶液、20%六亚甲基四胺、三乙醇胺(1:2)、氨水(1:1)、盐酸(1:1)、甲基红指示剂、铬黑T指示剂、二甲酚橙指示剂、pH=10 的 NH_3-NH_4Cl 缓冲溶液。

7.4.3 实训内容

(1)通过查阅资料确定测定方法。

(2)熟悉络合滴定法中返滴定法的测定原理,包含反应方程式、各反应物物质的量之间的关系,选择的指示剂、滴定条件等。

(3)设计实训报告。

7.4.4 实训指导

1. 测定方法的选择

胃舒平的主要成分为氢氧化铝、三硅酸铝及少量中药颠茄流浸膏,在制成片剂时还添加了大量糊精等辅料。药片中 Al 和 Mg 的含量可用 EDTA 络合滴定法测定,其他成分不干扰测定。

2. 基本原理

(1)EDTA 标准溶液的标定原理。准确吸取锌标准溶液 25 mL,注入锥形瓶,加 25 mL 纯水,慢慢滴加氨水(1+1)至刚出现白色浑浊,此时 pH 值为 8,再加入 10 mL 氨缓冲溶液(pH=10),滴加 3~4 滴铬黑T指示剂,充分摇匀,用 0.02 mol/L EDTA 标准溶液滴定,由酒红色变成纯蓝色为终点。记录消耗 EDTA 溶液的体积。

(2)测定原理。测定时首先溶解样品,分离除去不溶于水的物质,然后取一份试液加入过量的 EDTA 溶液,调节 pH 值至 4 左右,煮沸使 EDTA 与 Al 络合完全,再以二甲酚橙为指示剂,用锌标准溶液返滴过量的 EDTA,测出 Al 含量。另取一份试液,调节 pH 值将 Al 沉淀分离后在 pH 值为 10 的条件下,以铬黑T为指示剂,用 EDTA 标准溶液滴定滤液中的 Mg。

3. 设计测定步骤

（1）样品处理。称取胃舒平药片 10 片，研细后从中称出药粉 2 g 左右，加入 20 mL HCl（1∶1），加蒸馏水 100 mL，煮沸，冷却后过滤，并以水洗涤沉淀，收集滤液及洗涤液于 250 mL 容量瓶，稀释至刻度，摇匀。

（2）铝的测定。准确吸取上述试液 5.00 mL 于 250 mL 锥形瓶，加水至 25 mL 左右，滴加 1∶1 $NH_3·H_2O$ 溶液至刚出现浑浊，再加 1∶1 HCl 溶液至沉淀恰好溶解，准确加入 EDTA 标准溶液 25.00 mL，再加入 10 mL 六亚甲基四胺溶液，煮沸 10 min 并冷却后，加入二甲酚橙指示剂 2~3 滴，以锌标准溶液滴定至溶液由黄色变为红色，即终点。平行测定 3 次，根据 EDTA 加入量与锌标准溶液滴定体积，计算每片药片中 $Al(OH)_3$ 质量分数。

（3）镁的测定。准确吸取试液 25.00 mL，滴加 1∶1 $NH_3·H_2O$ 溶液至刚出现沉淀，再加 1∶1 HCl 溶液至沉淀恰好溶解，加入 2 g 固体 NH_4Cl，滴加六亚甲基四胺溶液至沉淀出现并过量 15 mL，加热至 80 ℃，维持 10~15 min，冷却后过滤，以少量蒸馏水洗涤沉淀数次，收集滤液与洗涤液于 250 mL 锥形瓶中，加入三乙醇胺溶液 10 mL，NH_3-NH_4Cl 缓冲溶液 10 mL 及甲基红指示剂 1 滴，铬黑 T 指示剂少许，用 EDTA 标准溶液滴定至试液由暗红色转变为蓝绿色，即终点。平行测定 3 次，计算每片药片中 Mg 的质量分数（以 MgO 表示）。

4. 注意事项

（1）为使测定结果具有代表性，应取较多样品，研细后再取部分进行分析。

（2）测定镁时加入一滴甲基红可使终点更为敏锐。

7.4.5 技能训练

（1）在规定的时间内完成胃舒平药片中铝、镁含量测定的方案设计及实施。

（2）查阅相关标准，分析测定结果是否合格。

（3）遵守安全规程，做到文明操作。

7.4.6 数据记录

EDTA 标准溶液的标定数据记录见表 7-10。

表 7-10　EDTA 标准溶液的标定数据记录

项目	测定次数	1	2	3	备用
基准物称量	m 倾样前/g				
	m 倾样后/g				
	m(氧化锌)/g				

续表

测定次数 项目	1	2	3	备用
移取试液体积/mL				
滴定管初读数/mL				
滴定管终读数/mL				
滴定消耗 EDTA 体积/mL				
体积校正值/mL				
溶液温度/℃				
温度补正值/(mL·L^{-1})				
溶液温度校正值/mL				
实际消耗 EDTA 标准溶液的体积/mL				
空白实验消耗 EDTA 标准溶液的体积/mL				
EDTA 标准溶液的浓度 C/(mol·L^{-1})				
EDTA 标准溶液的平均浓度 C/(mol·L^{-1})				
相对极差/%				

胃舒平药片中铝含量的测定数据记录见表 7-11。

表 7-11 胃舒平药片中铝含量的测定数据记录

次数 项目	1	2	3
M_1(药片)倾样前/g			
M_2(药粉)倾样前/g			
V 试液/mL		25.00	
V(Zn)初读数/mL			
V(Zn)终读数/mL			
V(Zn)消耗/mL			
Al(OH)$_3$%			
Al(OH)$_3$%平均值			

胃舒平药片中镁含量的测定数据记录见表 7-12。

表 7-12　胃舒平药片中镁含量的测定数据记录

项目＼次数	1	2	3
M_1（药片）/g			
M_2（药粉）/g			
$V_{试液}$/mL		5.00	
$V_{EDTA标}$/mL		25.00	
$V_{EDTA始}$/mL			
$V_{EDTA终}$/mL			
V_{EDTA}/mL			
MgO 质量分数/%			
MgO 质量分数平均值/%			

7.4.7　考核标准

1. 设计实训考核标准

设计实训成绩分为优、良、中、及格和不及格 5 个等级。其由平时成绩（20％）、实践操作（50％）、设计报告（20％）和答辩（10％）4 部分组成。

优：方法设计合理、符合国家或行业测定标准；能正确选择分析检验仪器，掌握测定原理，操作熟练，结果准确度高；能独立正确地回答问题。

良：方法设计合理、符合国家或行业测定标准；能正确选择分析检验仪器，掌握测定原理，操作较熟练，结果准确度高；能独立回答问题。

中：方法设计基本能满足滴定分析要求、符合国家或行业测定标准；能正确选择分析检验仪器，基本掌握测定原理，仪器的操作，结果准确度较高；基本能独立回答问题。

及格：方法设计能和同学协作完成、符合国家或行业测定标准；勉强能选择分析检验仪器，仪器的操作不太熟练，结果准确度一般；勉强能回答问题。

不及格：方法设计错误；不会选择分析检验仪器，仪器的操作不熟练；回答问题错误较多。

2. 平时考核

（1）迟到或早退一次扣 2 分；旷课一次扣 5 分；不遵守课堂纪律视其情节轻重进行扣分（不低于 2 分）。

（2）不遵守实训室卫生规定视其情节轻重进行扣分（不低于 2 分）；损坏实训室设备

视其情节轻重进行扣分(不低于 4 分);无正当理由出勤率不足 1/3 者,本次实训成绩为不及格。

3. 设计报告考核标准

(1)书写不认真或不按时交扣 5 分。
(2)缺少设计过程和设计原理扣 5~10 分。
(3)抄袭现象严重,自己设计部分较少扣 15 分。

4. 答辩评分标准

(1)回答基本符合答案,稍有不完整经启发后答对者,每道题扣 1~2 分。
(2)回答贴近答案但不完整,每道题扣 3~4 分。
(3)回答不贴近答案,不计分。

5. 实操考核标准

胃舒平药片中铝和镁的测定实操考核要点及评分标准见表 7-13。

表 7-13 胃舒平药片中铝和镁的测定实操考核要点及评分标准

序号	考核内容	考核要点	配分	评分标准	扣分	得分
1	方案设计	1. 方案是否合理; 2. 原理是否准确; 3. 可操作性强	15	有一项不符合标准扣 5 分		
2	实验准备	1. 锥形瓶等普通玻璃仪器洗涤; 2. 滴定管的检查与试漏; 3. 仪器洗涤效果	5	有一项不符合标准扣 2 分		
3	物质称量	1. 准备工作: (1)天平罩的取放,水平的检查; (2)天平各部件的检查,清洁; (3)天平零点的调节。 2. 称量操作: (1)称量瓶的取放; (2)天平门的开关; (3)倾样方法及次数(≤4); (4)称量时间(≤15 min); (5)称量范围(±10%)。 3. 结束工作: (1)天平复原; (2)复查天平零点	10	有一项不符合标准扣 2 分,称量时间每延长 5 min 扣 2 分,扣完为止		

续表

序号	考核内容	考核要点	配分	评分标准	扣分	得分
4	移液	1. 移液管润洗； 2. 手持移液管方法正确； 3. 吸取溶液方法正确、熟练； 4. 移取溶液体积准确； 5. 放出溶液方法正确； 6. 液面降至尖嘴后停留 15 s	5	有一项不符合标准扣 2 分，扣完为止		
5	容量瓶使用	1. 溶液转移方法； 2. 稀释至 2/3 容积时平摇； 3. 定容操作； 4. 摇匀操作	5	有一项不符合标准扣 2 分，扣完为止		
6	滴定	1. 滴定管润洗； 2. 赶气泡； 3. 滴定管读数； 4. 滴定时的正确姿势； 5. 滴定速度的控制； 6. 半滴溶液控制技术； 7. 终点的判断和控制； 8. 滴定中是否因使用不当更换滴定管	20	有一项不符合标准扣 3 分，扣完为止		
7	数据记录及处理	1. 数据记录及时，不得涂改； 2. 计算公式及结果正确； 3. 正确保留有效数字； 4. 报告完整、规范、整洁； 5. 计算结果准确度； 6. 计算结果精密度	35	有一项不符合标准扣 5 分，扣完为止		
8	安全文明操作	1. 实验台面整洁情况； 2. 物品摆放； 3. 玻璃仪器清洗放置情况； 4. 安全操作情况	5	有一项不符合标准扣 2 分，扣完为止		
9	总分					

7.4.8　思考题

(1)本实验为什么要称取大样后,再分取部分试液进行滴定?
(2)在分离铝后的滤液中测定镁,为什么要加三乙醇胺?

实训任务 7.5 维生素 C 片中抗坏血酸含量的测定

7.5.1 实训目标

(1)能够通过查阅相关标准，设计出维生素 C 片中抗坏血酸的测定方案，并实施测定，出具报告。

(2)练习对实物试样某组分含量测定的技术。

7.5.2 实训仪器及试剂

(1)实训仪器：分析天平、酸式滴定管、称量瓶、容量瓶、锥形瓶、碘量瓶、移液管、烧杯、量筒等。

(2)实训试剂：维生素 C 试样、$C(1/2\ I_2)=0.1\ mol/L\ I_2$ 标准溶液、淀粉指示剂(5 g/L)、2 mol/L 盐酸、KI 溶液(5 g/L)、2 mol/L 的醋酸溶液等。

7.5.3 实训内容

(1)通过查阅资料确定测定方法。

(2)熟悉氧化还原滴定法中直接碘量法的测定原理，包含反应方程式、各反应物质的量之间的关系，选择的指示剂、滴定条件等。

(3)设计实训报告。

7.5.4 实训指导

1. 测定方法的选择

维生素 C 又称抗坏血酸，分子式为 $C_6H_8O_6$，相对分子量为 176.13，是预防坏血病及促进身体健康的药品，也是分析化学中常用的掩蔽剂。维生素 C 分子中的稀二醇基具有显著的还原性，可被 I_2 氧化成二酮基，因而可用直接碘量法测定。

2. 基本原理

维生素 C 的还原性很强，因此可以用碘标准溶液直接滴定。其滴定反应式为

$$C_6H_8O_6 + I_2 \rightarrow C_6H_6O_6 + 2HI$$

由于维生素 C 易被溶液和空气中的氧氧化，在碱性介质中，它的氧化作用更强，因此，滴定必须在酸性介质中进行，以减少副反应的发生。同时考虑到 I^- 在强酸性溶液中也易被氧化，所以，一般选用 pH 值在 3~4 的弱酸性溶液中进行滴定。

3. 设计测定步骤

(1)碘溶液的配制与标定。I_2 微溶于水而易溶于 KI 溶液，但在稀的 KI 溶液中溶解得很慢，所以，配制 I_2 溶液时不能过早加水稀释，应先将 I_2 与 KI 混合，用少量水充

分研磨，溶解完全后再加水稀释。准确移取已知浓度的 $Na_2S_2O_3$ 标准溶液 25.00 mL 于 250 mL 碘量瓶，加 150 mL 蒸馏水，加入 3 mL 淀粉指示剂，用待标定的 I_2 标准溶液滴定至溶液呈现蓝色为终点。记录消耗 I_2 标准溶液的体积，平行测定 3 次，同时做空白实验，记录消耗体积为 V_0。

（2）维生素 C 含量的测定。准确称取已研成细粉末的维生素 C 样品 0.2 g，置于 250 mL 锥形瓶，加入 100 mL 新煮沸并冷却的蒸馏水，10 mL 醋酸溶液，轻轻摇动使之溶解，加淀粉指示剂 2 mL，立即用 I_2 标准溶液进行滴定至溶液刚好呈现蓝色，30 s 内不褪色即终点。记录消耗 I_2 标准溶体积，平行滴定 3 次，计算维生素 C(VC)的含量。

4. 注意事项

（1）由于维生素 C 的还原性较强，在空气中易被氧化，因此操作要熟练，且酸化后立即滴定。

（2）由于蒸馏水中含有溶解氧，所以必须先煮沸。如果溶液中有易被 I_2 氧化的物质存在，则对该测定有干扰，为使测定结果具有代表性，应取较多样品，研细后再取部分进行分析。

（3）严格控制溶液的酸度，保证 pH 值为 3～4。pH<2 淀粉会水解糊精，与碘作用呈红色，同时维生素 C 还容易被氧化。

7.5.5 技能训练

（1）在规定的时间内完成维生素 C 中抗坏血酸含量测定的方案设计及实施。

（2）查阅相关标准，分析测定结果是否合格。

（3）遵守安全规程，做到文明操作。

7.5.6 数据记录

碘溶液的标定数据记录见表 7-14。

表 7-14 碘溶液的标定数据记录

次数 项目	1	2	3
移取 $Na_2S_2O_3$ 标准溶液的体积/mL			
滴定管体积初读数/mL			
滴定管体积终读数/mL			
消耗 I_2 标准溶液的体积/mL			
滴定管体积校正值/mL			
溶液温度/℃			
溶液温度补正值/(mL·L^{-1})			

续表

项目 \ 次数	1	2	3
溶液温度校正值/mL			
实际消耗 I_2 标准溶液的体积/mL			
空白实验消耗 I_2 标准溶液的体积/mL			
I_2 标准溶液的浓度/(mol·L^{-1})			
I_2 标准溶液的平均浓度/(mol·L^{-1})			
相对极差/%			

维生素 C 中抗坏血酸含量的测定数据记录见表 7-15。

表 7-15 维生素 C 中抗坏血酸含量的测定数据记录

项目 \ 次数	1	2	3
m(药粉)倾样前/g			
m(药粉)倾样后/g			
m(药粉)/g			
$V(I_2)$初读数/mL			
$V(I_2)$终读数/mL			
$V(I_2)$消耗/mL			
w(VC)/%			
w(VC)平均值/%			
相对极差/%			

7.5.7 考核标准

1. 设计实训考核标准

设计实训成绩分为优、良、中、及格和不及格 5 个等级。其由平时成绩(20%)、实践操作(50%)、设计报告(20%)和答辩(10%)4 部分组成。

优：方法设计合理、符合国家或行业测定标准；能正确选择分析检验仪器，掌握测定原理，操作熟练，结果准确度高；能独立正确地回答问题。

良：方法设计合理、符合国家或行业测定标准；能正确选择分析检验仪器，掌握测定原理，操作较熟练，结果准确度高；能独立回答问题。

中：方法设计基本能满足滴定分析要求、符合国家或行业测定标准；能正确选择分析检验仪器，基本掌握测定原理，仪器的操作，结果准确度较高；基本能独立回答问题。

及格：方法设计能和同学协作完成、符合国家或行业测定标准；勉强能选择分析检验仪器，仪器的操作不太熟练，结果准确度一般；勉强能回答问题。

不及格：方法设计错误；不会选择分析检验仪器，仪器的操作不熟练；回答问题错误较多。

2. 平时考核

(1)迟到或早退一次扣2分；旷课一次扣5分；不遵守课堂纪律视其情节轻重进行扣分(不低于2分)。

(2)不遵守实训室卫生规定视其情节轻重进行扣分(不低于2分)；损坏实训室设备视其情节轻重进行扣分(不低于4分)；无正当理由出勤率不足1/3者，本次实训成绩为不及格。

3. 设计报告考核标准

(1)书写不认真或不按时交扣5分。

(2)缺少设计过程和设计原理扣5~10分。

(3)抄袭现象严重，自己设计部分较少扣15分。

4. 答辩评分标准

(1)回答基本符合答案，稍有不完整经启发后答对者，每道题扣1~2分。

(2)回答贴近答案但不完整，每道题扣3~4分。

(3)回答不贴近答案，不计分。

5. 实操考核标准

维生素C片中抗坏血酸含量的测定实操考核要点及评分标准见表7-16。

表7-16 维生素C片中抗坏血酸含量的测定实操考核要点及评分标准

序号	考核内容	考核要点	配分	评分标准	扣分	得分
1	方案设计	1. 方案是否合理； 2. 原理是否准确； 3. 可操作性强	15	有一项不符合标准扣5分		
2	实验准备	1. 锥形瓶等普通玻璃仪器洗涤； 2. 滴定管的检查与试漏； 3. 仪器洗涤效果	5	有一项不符合标准扣2分，扣完为止		
3	物质称量	1. 准备工作： (1)天平罩的取放，水平的检查； (2)天平各部件的检查，清洁； (3)天平零点的调节。 2. 称量操作： (1)称量瓶的取放；	10	有一项不符合标准扣2分，称量时间每延长5min扣2分，扣完为止		

续表

序号	考核内容	考核要点	配分	评分标准	扣分	得分
3	物质称量	(2)天平门的开关； (3)倾样方法及次数(≤4)； (4)称量时间(≤15 min)； (5)称量范围(±10%)。 3. 结束工作： (1)天平复原； (2)复查天平零点	10	有一项不符合标准扣2分，称量时间每延长5 min扣2分，扣完为止		
4	移液	1. 移液管润洗； 2. 手持移液管方法正确； 3. 吸取溶液方法正确、熟练； 4. 移取溶液体积准确； 5. 放出溶液方法正确； 6. 液面降至尖嘴后停留15 s	5	有一项不符合标准扣2分，扣完为止		
5	容量瓶使用	1. 溶液转移方法； 2. 稀释至2/3容积时平摇； 3. 定容操作； 4. 摇匀操作	5	有一项不符合标准扣2分，扣完为止		
6	滴定	1. 滴定管润洗； 2. 赶气泡； 3. 滴定管读数； 4. 滴定时的正确姿势； 5. 滴定速度的控制； 6. 半滴溶液控制技术； 7. 终点的判断和控制； 8. 滴定中是否因使用不当更换滴定管	20	有一项不符合标准扣3分，扣完为止		
7	数据记录及处理	1. 数据记录及时，不得涂改； 2. 计算公式及结果正确； 3. 正确保留有效数字； 4. 报告完整、规范、整洁； 5. 计算结果准确度； 6. 计算结果精密度	35	有一项不符合标准扣5分，扣完为止		

续表

序号	考核内容	考核要点	配分	评分标准	扣分	得分
8	安全文明操作	1. 实验台面整洁情况； 2. 物品摆放； 3. 玻璃仪器清洗放置情况； 4. 安全操作情况	5	有一项不符合标准扣2分，扣完为止		
9	总分					

7.5.8 思考题

(1) 维生素C试样溶解时为何要加入新煮沸并冷却的蒸馏水？

(2) 碘量法的误差来源有哪些？应采取哪些措施减小误差？

附 录

附表1 常用化合物的相对分子质量

化合物	相对分子质量	化合物	相对分子质量
$AgBr$	187.78	$FeCl_3$	162.21
$AgCl$	143.32	$FeCl_3 \cdot 6H_2O$	270.30
AgI	234.77	FeO	71.85
$AgNO_3$	169.87	Fe_2O_3	159.69
Al_2O_3	101.96	Fe_3O_4	231.54
$Al_2(SO_4)_3$	342.15	$FeSO_4 \cdot H_2O$	169.93
As_2O_3	197.84	$FeSO_4 \cdot 7H_2O$	278.02
As_2O_5	229.84	$Fe_2(SO_4)_3$	399.89
$BaCO_3$	197.34	$FeSO_4 \cdot (NH_4)_2SO_4 \cdot 6H_2O$	392.14
BaC_2O_4	225.35	$HClO_4$	100.46
$BaCl_2$	208.24	HF	20.01
$BaCl_2 \cdot 2H_2O$	244.27	HI	127.91
$BaCrO_4$	253.32	HNO_2	47.01
$BaSO_4$	233.39	HNO_3	63.01
$CaCO_3$	100.09	H_2O	18.02
CaC_2O_4	128.10	H_2O_2	34.02
$CaCl_2$	110.99	H_3PO_4	98.00
$CaCl_2 \cdot H_2O$	129.00	H_2S	34.08
CaO	56.08	H_2SO_3	82.08
$Ca(OH)_2$	74.09	H_2SO_4	98.08
$CaSO_4$	136.14	$HgCl_2$	271.50
$Ca_3(PO_4)_2$	310.18	Hg_2Cl_2	472.09
$Ce(SO_4)_2 \cdot 2(NH_4)_2SO_4 \cdot 2H_2O$	632.54	H_3BO_3	61.83

续表

化合物	相对分子质量	化合物	相对分子质量
CH_3COOH	60.05	HBr	80.91
CH_3OH	32.04	H_2CO_3	62.03
CH_3COCH_3	58.08	$H_2C_2O_4$	90.04
C_6H_5COOH	122.12	$H_2C_2O_4 \cdot 2H_2O$	126.07
$C_6H_4COOHCOOK$ (苯二甲酸氢钾)	204.23	HCOOH	46.03
CH_3COONa	82.03	HCl	36.46
C_6H_5OH	94.11	$KAl(SO_4)_2 \cdot 12H_2O$	474.39
$(C_9H_7N)_3H_3(PO_4 \cdot 12MoO_3)$ (磷钼酸喹啉)	2212.74	$KB(C_6H_5)_4$	358.33
CCl_4	153.81	KBr	119.01
CO_2	44.01	$KBrO_3$	167.01
CuO	79.54	K_2CO_3	138.21
Cu_2O	143.09	KCl	74.56
$CuSO_4$	159.61	$KClO_3$	122.55
$CuSO_4 \cdot 5H_2O$	249.69	$KClO_4$	138.55
K_2ClO_4	194.20	$Na_2S_2O_3$	158.11
KCr_2O_7	294.19	$Na_2S_2O_3 \cdot 5H_2O$	248.19
$KHC_2O_4 \cdot H_2C_2O_4 \cdot 2H_2O$	254.19	$NaH_2OH \cdot HCl$	69.49
KI	166.01	NH_3	17.03
KIO_3	214.00	NH_4Cl	53.49
$KIO_3 \cdot HIO_3$	389.92	$Na_2B_4O_7 \cdot 10H_2O$	381.37
$KMnO_4$	158.04	$NaBiO_3$	279.97
KNO_2	85.10	NaBr	102.90
KOH	56.11	Na_2CO_3	105.99
KSCN	97.18	$Na_2C_2O_4$	134.00
K_2SO_4	174.26	NaCl	58.44
$MgCO_3$	84.32	NaF	41.99

续表

化合物	相对分子质量	化合物	相对分子质量
$MgCl_2$	95.21	$NaHCO_3$	84.01
$MgNH_4PO_4$	137.33	NaH_2PO_4	119.98
MgO	40.31	Na_2HPO_4	141.96
$Mg_2P_2O_7$	222.60	$Na_2H_2Y \cdot 2H_2O$(EDTA 二钠盐)	372.26
MnO_2	86.94	NaI	149.89
$(NH_4)_2C_2O_4 \cdot H_2O$	142.11	P_2O_5	141.95
$NH_3 \cdot H_2O$	35.05	$PbCrO_4$	323.19
$NH_4Fe(SO_4)_2 \cdot 12H_2O$	482.20	PbO	223.19
$(NH_4)_2HPO_4$	132.05	PbO_2	239.19
$(NH_4)PO_4 \cdot 12MoO_3$	1 876.35	Pb_3O_4	685.57
NH_4SCN	76.12	$PbSO_4$	303.26
$(NH_4)_2SO_4$	132.14	SO_2	64.06
$NiC_8H_{14}O_4N_4$(丁二酮肟镍)	288.91	SO_3	80.06
$NaNO_2$	69.00	Sb_2O_3	291.52
Na_2O	61.98	Sb_2S_3	339.72
$NaOH$	40.01	SiF_4	104.08
Na_3PO_4	163.94	SiO_2	60.08
Na_2S	78.05	$SnCl_2$	189.62
$Na_2S \cdot 9H_2O$	240.18	TiO_2	79.88
Na_2SO_3	126.04	$ZnCl_2$	136.30
Na_2SO_4	142.04	ZnO	81.39
$Na_2SO_4 \cdot 10H_2O$	322.20	$ZnSO_4$	161.45

附表2　化学试剂等级对照表

质量次序		1	2	3	4	5
我国化学试剂等级和符号	等级	一级品	二级品	三级品	四级品	生物试剂
		保证试剂	分析试剂	化学纯	医用	
		优级纯	分析纯	纯	实验试剂	
	符号	GR	AR	CP, P	LR	BR, CR
	瓶签颜色	绿色	红色	蓝色	棕色等	黄色等
德、美、英等国通用等级和符号		GR	GR	CP	—	—

附表3 常用酸碱试剂的密度、含量和近似浓度

名称	化学式	密度/(g·cm^{-3})	体积百分含量/%	近似浓度/(mol·L^{-1})
盐酸	HCl	1.18~1.19	36~38	12
硝酸	HNO$_3$	1.40~1.42	67~72	15~16
硫酸	H$_2$SO$_4$	1.83~1.84	95~98	18
磷酸	H$_3$PO$_4$	1.69	≥85	15
高氯酸	HClO$_4$	1.68	70~72	12
冰乙酸	CH$_3$COOH	1.05	≥99	17
甲酸	HCOOH	1.22	≥88	23
氢氟酸	HF	1.15	≥40	23
氢溴酸	HBr	1.38	≥40	6.8

附表4 常用酸碱指示剂

指示剂	pH 值变色范围	颜色		浓度
		酸色	碱色	
百里酚蓝（第一次变色）	1.2～2.8	红	黄	0.1%（20%乙醇溶液）
甲基黄	2.9～4.0	红	黄	0.1%（90%乙醇溶液）
甲基橙	3.1～4.4	红	黄	0.05%水溶液
溴酚蓝	3.1～4.6	黄	紫	0.1%（20%乙醇溶液），或指示剂钠盐的水溶液
溴甲酚绿	3.8～5.4	黄	蓝	0.1%水溶液，每100 mg 指示剂加 0.05 mol/L NaOH 2.9 mL
甲基红	4.4～6.2	红	黄	0.1%（60%乙醇溶液），或指示剂钠盐的水溶液
溴百里酚蓝	6.0～7.6	黄	蓝	0.1%（20%乙醇溶液），或指示剂钠盐的水溶液
中性红	6.8～8.0	红	黄橙	0.1%（60%乙醇溶液）
酚红	6.7～8.4	黄	红	0.1%（60%乙醇溶液），或指示剂钠盐的水溶液
酚酞	8.0～9.6	无	红	0.1%（90%乙醇溶液）
百里酚蓝（第二次变色）	8.0～9.6	黄	蓝	0.1%（20%乙醇溶液）
百里酚酞	9.4～10.6	无	蓝	0.1%（90%乙醇溶液）

附表5 常用氧化还原指示剂

名称	变色点 V	颜色		配制方法
		氧化态	还原态	
二苯胺	0.76	紫	无	1 g 二苯胺在搅拌下溶于 100 mL 浓硫酸中
二苯胺磺酸钠	0.85	紫	无	5 g/L 水溶液
邻菲罗啉-Fe(Ⅱ)	1.06	淡蓝	红	0.5 g $FeSO_4 \cdot 7H_2O$ 溶于 100 mL 水,加 2 滴硫酸,再加 0.5 g 邻菲罗啉
邻苯氨基苯甲酸	1.08	紫红	无	0.2 g 邻苯氨基苯甲酸,加热溶解在 100 mL 0.2% Na_2CO_3 溶液中,必要时过滤
硝基邻二氮菲-Fe(Ⅱ)	1.25	淡蓝	紫红	1.7 g 硝基邻二氮菲溶于 100 mL 0.025 mol/L Fe^+ 溶液
淀粉	—	—	—	1 g 可溶性淀粉加少许水调成糊状,在搅拌下注入 100 mL 沸水,微沸 2 min,放置,取上层清液使用(若要保持稳定,可在研磨淀粉时加 1 mL HgI_2)

附表6 常用金属指示剂

名称	颜色		配制方法
	化合物	游离态	
铬黑T(EBT)	红	蓝	1. 称取0.50 g铬黑T和2.0 g盐酸羟胺，溶于乙醇，用乙醇稀释至100 mL。使用前制备 2. 将1.0 g铬黑T与100.0 g NaCl研细，混匀
二甲酚橙	红	黄	2 g/L水溶液(去离子水)
钙指示剂	酒红	蓝	0.50 g钙指示剂与100.0 g NaCl研细，混匀
紫脲酸铵	黄	紫	1.0 g紫脲酸铵与200.0 g NaCl研细，混匀
K-B指示剂	红	蓝	0.50 g酸性铬蓝K加1.250 g萘酚绿，再加25.0 g K_2SO_4研细，混匀
磺基水杨酸	红	无	10 g/L水溶液
PAN	红	黄	2 g/L乙醇溶液
Cu-PAN (CuY+PAN)	Cu-PAN红	CuY-PAN浅绿	0.050 mol/L Cu^{2+}溶液10 mL，加pH＝5～6的HAc缓冲液5 mL，1滴PAN指示剂，加热至60 ℃左右，用EDTA滴至绿色，得到约0.025 mol/L的CuY溶液。使用时取2～3 mL于试液中，再加数滴PAN溶液

附表7　常用基准物质的干燥条件和应用

基准物质 名称	基准物质 分子式	干燥后组成	干燥条件/℃	标定对象
碳酸氢钠	$NaHCO_3$	Na_2CO_3	270～300	酸
碳酸钠	$Na_2CO_3 \cdot 10H_2O$	Na_2CO_3	270～300	酸
硼砂	$Na_2B_4O_7 \cdot 10H_2O$	$Na_2B_4O_7 \cdot 10H_2O$	放在含 NaCl 和蔗糖饱和液的干燥器中	酸
碳酸氢钾	$KHCO_3$	K_2CO_3	270～300	酸
草酸	$H_2C_2O_4 \cdot 2H_2O$	$H_2C_2O_4 \cdot 2H_2O$	室温空气干燥	碱或 $KMnO_4$
邻苯二甲酸氢钾	$KHC_8H_4O_4$	$KHC_8H_4O_4$	110～120	碱
重铬酸钾	$K_2Cr_2O_7$	$K_2Cr_2O_7$	140～150	还原剂
溴酸钾	$KBrO_3$	$KBrO_3$	130	还原剂
碘酸钾	KIO_3	KIO_3	130	还原剂
铜	Cu	Cu	室温干燥器中保存	还原剂
三氧化二砷	As_2O_3	As_2O_3	室温干燥器中保存	氧化剂
草酸钠	$Na_2C_2O_4$	$Na_2C_2O_4$	130	氧化剂
碳酸钙	$CaCO_3$	$CaCO_3$	110	EDTA
锌	Zn	Zn	室温干燥器中保存	EDTA
氧化锌	ZnO	ZnO	900～1 000	EDTA
氯化钠	NaCl	NaCl	500～600	$AgNO_3$
氯化钾	KCl	KCl	500～600	$AgNO_3$
硝酸银	$AgNO_3$	$AgNO_3$	280～290	氯化物
氨基磺酸	$HOSO_2NH_2$	$HOSO_2NH_2$	在真空 H_2SO_4 干燥器中保存 48 h	碱

参考文献

[1] 尚华．化学分析技术[M]．北京：中国纺织出版社，2013．

[2] 王炳强，曾玉香．全国职业院校技能竞赛"工业分析检验"赛项指导书[M]．北京：化学工业出版社，2015．

[3] 苗凤琴，于世林，夏铁力．分析化学实验[M]．4版．北京：化学工业出版社，2015．

[4] 王安群．分析化学实训[M]．北京：科学出版社，2011．

[5] 孙彩兰，等．化学检验高级工实训[M]．北京：化学工业出版社，2009．